Würzburger

# Die AGILITÄTS-FALLE

# Die AGILITÄTS-FALLE

## Wie Sie in der digitalen Transformation stabil arbeiten und leben können

von

Dr. Thomas Würzburger

Verlag Franz Vahlen GmbH

**Dr. Thomas Würzburger** ist einer der führenden Businessexperten. Er gilt in der Beraterszene als kritischer Geist und gibt seinen Zuhörern in Vorträgen wertvolle Impulse zum Nach- und Weiterdenken mit auf den Weg. Seine Spezialgebiete sind u. a. generationsbezogene Themen wie bspw. Generation Y, Leadership und Teamarbeit sowie die Erfüllung & Erfolgsfaktoren im Beruf in Zeiten von VUKA und digitaler Transformation.

Dr. Thomas Würzburger ist promovierter Jurist und Wirtschaftswissenschaftler, Mediator und Speaker. Seine bunte Karriere durchlief mehrere Stationen in verschiedenen Branchen und Funktionen. Er begann u. a. als Assistent des Vorstands in einer internationalen Versicherungsgruppe, war Key Account im Bankensektor und Geschäftsführer im Energiesektor. Er war schon zertifizierter Projektmanager nach Level B, IPMA, als dieser Titel noch eher exotisch war. Als Trainer und Berater hat er seit 2008 tausende Projektleiter geschult und Führungskräfte in der Personal- und Organisationsentwicklung beraten.

# INHALT

Für Marlis

# VORWORT

»Wissen Sie«, sagte mir einmal ein langjähriger Bereichsleiter eines städtischen Energieversorgers, »es ist ja nicht so, dass ich glaube, es müsse alles beim Alten bleiben. Auch ich finde, dass wir frischen Wind brauchen! Momentan aber bläst ein Orkan über dieses Unternehmen, der keinen Stein auf dem anderen lässt und uns alle überfordert und ratlos macht.«

Der Sturm der Veränderung weht zurzeit in vielen Unternehmen. Eine Welt, die uns mit völlig unvorhergesehenen, noch nie dagewesenen Ereignissen überrascht, versetzt uns in Unruhe. Gleichzeitig bemerken wir, dass unsere alten Rezepte nicht mehr greifen. Und so versuchen wir, uns für das Unmögliche zu rüsten, indem wir alles, was irgendwann einmal in Stein gemeißelt wurde, infrage stellen oder ganz und gar auflösen. Wir versuchen, uns selbst so unvorhersehbar und dynamisch zu machen wie die Welt um uns. Gleiches probieren wir mit unseren Unternehmen: Nur ja nichts Starres, Fixes oder Unflexibles soll es dort geben, das durch unvorhergesehene Ereignisse ausgehebelt werden könnte.

Das Problem ist nur, so können wir nicht zusammenarbeiten. Wen wir dabei nämlich vergessen, ist der Mensch. Wenngleich wir auch lernen müssen, mit Veränderung umzugehen und sie als Chance zu betrachten, überfordert uns permanenter Wandel. Obwohl wir wieder beginnen müssen, Eigenverantwortung zu übernehmen und Vertrauen zu leben, haben wir Menschen wichtige Bedürfnisse und suchen in unserer Arbeit nach Zugehörigkeit, Orientierung und Sicherheit. Unsere Umwelt kann uns das immer weniger bieten. Die gegenwärtige Agilitätsbewegung macht die Sache nicht besser – im Gegenteil: Sie verstärkt den Trend in Richtung Unsicherheit. Sie macht uns vor, dass, wenn wir einfach nur agil genug wären, die Volatilität der Wirtschaft weniger volatil, die vorherrschende Unsicherheit weniger bedrohlich, die Komplexität weniger komplex und die Ambivalenz weniger zweischneidig wäre. Dabei ist genau das Gegenteil der Fall!

Je instabiler die Welt um uns wird, desto stabiler müssen wir Menschen werden. Je unsicherer die Zeiten sind, desto mehr Vertrauen müssen wir in uns selbst, in unsere Fähigkeiten und unsere Integrität entwickeln. Je schneller die Welt um uns herum wird, desto wichtiger wird es, dass wir uns Zeit für uns selbst und für unsere Persönlichkeitsentwicklung, nehmen.

Um dieser Unsicherheit ein Ende zu setzen, habe ich dieses Buch geschrieben. Es soll jenen Mut machen, die krampfhaft versuchen, agiler zu werden, und fast daran zerbrechen. Es soll alle Getriebenen zum Anhalten auffordern und ihnen helfen, den Blick auf das Wesentliche zu richten – nämlich dorthin, wo wirkliche Veränderung möglich ist. Es soll den Menschen und seine Persönlichkeit wieder in den Mittelpunkt der Betrachtung rücken und uns davon abhalten, falschen Hoffnungen und Zielen hinterherzurennen.

*Die Agilitäts-Falle* ist kein Buch gegen agiles Arbeiten oder neue Formen der Unternehmensführung. Das wäre auch nicht die Lösung unseres Problems! Das Problem nämlich ist nicht die Agilität selbst, sondern der Irrglaube, dass man Agilität ohne persönliche Reife und innere Stabilität leben kann. Und Letztere, das habe ich selbst in einer zum Teil leidvollen Erfahrung feststellen müssen, entsteht nur in der Begegnung mit sich selbst. Den ersten Schritt auf diesem Weg kann dieses Buch leisten. Das wünsche ich Ihnen und mir, denn diese unsichere, dynamische Welt braucht Menschen mit Stabilität und persönlicher Reife!

# VUKA UND WIE DIE WELT DARAUF REAGIERT

## Im Zentrum der Blase

Die Stimmung war feierlich, beinahe ausgelassen. Sie fühlten sich, als hielten sie die Fäden der Welt in der Hand. Die jungen aufstrebenden Banker, denen nur wenige Jahre nach ihrem Studium an einer der Elite-Universitäten genügt hatten, um es zu Wohlstand zu schaffen. Die Welt um die Jahrtausendwende war voller Möglichkeiten. Der Traum von Quick Wins an den volatilen Technologiebörsen war gerade dabei, Realität zu werden – und jene, die das erkannt und auf das richtige Pferd gesetzt hatten, waren ganz vorne dabei. Die schwarz gekleideten selbstbewussten Männer an meinem Tisch gehörten zu diesen.

Die Investmentbank Bear Stearns, zu dieser Zeit eine der fünf größten Investmentbanken Amerikas, hatte damals im April 2000 zu ihrer Global Credit Conference ins Waldorf Astoria in New York geladen. Zu dieser Zeit war ich angehender Banker und war gerade für Ausbildungszwecke nach New York geholt worden. Wir tranken erstklassigen Wein, teuren Champagner und kontrollierten dazwischen regelmäßig unsere Investments – damals noch auf eigens für uns aufgestellten Monitoren. Wir versuchten, uns mit unseren Top-Deals gegenseitig zu übertrumpfen, schwärmten von den Möglichkeiten der Zukunft und hielten uns für den Nabel der Welt. Ich war beeindruckt von der Souveränität und Eloquenz meiner Tischnachbarn. Als ich in einem Gespräch auf die Asset Backed Securities zu sprechen kam und meine Zweifel darüber kundtat, erklärte mir mein Gesprächspartner mit einer Überzeugungskraft, die mir jeden Zweifel nahm, die Genialität dieser Wertpapiere und wie deren Zuverlässigkeit mathematisch klar belegt werden konnte. Ihr Erfolg gab ihnen recht. Ihre Investments waren wohl volatil – von Unsicherheit war damals aber nichts zu merken.

Anfang 2008, acht Jahre nach unserem Dinner im Waldorf Astoria, machten erste Gerüchte über Liquiditätsprobleme von Bear Stearns die Runde. Wurden diese auch zu Beginn beschwichtigt, musste der damalige Finanzchef Alan Schwartz im März 2008 doch eingestehen, dass sich die Finanzlage der Bank in kürzester Zeit drastisch verschlechtert hätte (Die Presse 2008). Die Aktien der Investmentbank befanden sich nach dieser Meldung im freien Fall und zogen weltweit die Börsen in die Tiefe. Bereits wenige Tage später bereitete JP Morgan Chase der angeschlagenen Bank ein Übernahmeangebot. Am 30. Mai 2008 übernahm die Großbank das Traditionsunternehmen Bear Stearns. Bear Stearns war damit das erste prominente Opfer der sogenannten Subprime-Krise – ausgelöst durch eine Form der Asset Backed Securities, nämlich jene Wertpapiere, die durch Hypotheken aus Immobilien besichert worden waren.

*Damals, im großen Saal des Waldorf Astoria, als wir uns als Überflieger wähnten und glaubten, durch eigene Intelligenz, Risikobereitschaft und unter Berufung auf logische Modelle die Welt überholen zu können, waren wir in Wirklichkeit nicht nur im Zentrum der Blase, wir waren ihre Baumeister.* Diese Blase, die nur wenig später zerplatzte und nichts als milliardenschwere Verluste hinterließ. Wir spielten mit der Volatilität, der Komplexität und dem Risiko der damaligen Zeit und glaubten, diese Faktoren für uns nutzen zu können – wenn wir nur intelligent, risiko- und anpassungsbereit genug wären. Wir waren Überzeugungstäter und wogen uns in Sicherheit – all unsere Modelle waren mathematisch hinterlegt und logisch erklärbar. Und doch führten sie zum Untergang, weil sich der Mensch und seine Gier nicht an mathematische Modelle hielten. Wir waren überzeugend, hatten gute Argumente und Kapital und damit eine ungeheure Sogwirkung. Wir waren uns unserer Sache sicher und belächelten all jene, die an dem zweifelten, was wir als Tatsachen betrachteten.

Heute zehn Jahre danach, erzeugen wir neue Blasen. Sogenannte Kryptowährungen erreichten zwischenzeitlich ein Volumen von über 120 Milliarden Dollar. Sie haben Anleger zu Millionären und Spekulanten den Mund wässrig gemacht bis im Jahr 2018 dann der Markt einbrach. Werden Kryptowährungen trotzdem in absehbarer Zeit das reale Geld ersetzen? Oder wird auch dieses Phänomen einfach als geplatzte Blase ad acta gelegt werden und bald niemand mehr davon sprechen?

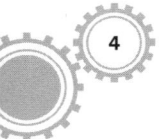

Es ist die Volatilität dieser Entwicklungen, welche die Zukunft immer wieder aufs Neue völlig unberechenbar macht. Erneut sehen wir uns mit einer Situation konfrontiert, in der es nicht mehr nur darum geht, Eintrittswahrscheinlichkeiten einschätzen zu können. Vielmehr sind wir Situationen ausgesetzt, in denen uns die Ursache-Wirkungs-Beziehungen nicht mehr hinreichend bekannt sind. Wie wird es mit der Entwicklung der künstlichen Intelligenz (KI) weitergehen? Wohl wissend, dass 95 % der KI-Forschung darauf abzielen, Menschen gesünder und langlebiger zu machen, herrscht doch ein Bewusstsein darüber, dass die Erfindungen auf diesem Gebiet auch für andere, zum Beispiel militärische Zwecke, verwendet werden. Alles Panikmache? Oder höchste Zeit, sich darüber Gedanken zu machen? Als Ambiguität wird dieses Phänomen beschrieben, das der Duden als Mehrdeutigkeit und Experten als Ungewissheit erklären. Ambiguität führt dazu, dass es nicht nur unsere Einschätzung übersteigt, welche der möglichen Varianten Realität werden wird. Wir müssen erkennen, dass wir den Großteil der Varianten noch nicht einmal erahnen können. Alles scheint möglich – niemand wagt es mehr, Extremszenarios oder Undenkbares auszuschließen. »Wir haben nicht mehr viel Zeit, um zu handeln. Wenn die Büchse der Pandora einmal geöffnet ist, wird es schwierig sein, sie wieder zu schließen«, schreiben mehr als 100 Technologie-Unternehmer in einem öffentlichen Brief an die Vereinten Nationen, indem sie vor einem möglichen Missbrauch der KI-Technologie warnen. (Caetano Tiberio et al., 2017). Während wir uns damals, um die Jahrtausendwende, noch in Sicherheit wogen, sind Ungewissheit und die daraus resultierende Unsicherheit heute Teil unserer Realität.

Volatil, unsicher, komplex und ambivalent. VUKA, nennen es Experten. Dynamisch, beinahe hektisch, voller Unsicherheit, in vielen Bereichen undurchschaubar und viel zu komplex, um sie mit reinem Verstand fassen zu können, nicht nur schön, sondern auch bedrohlich, weder schwarz noch weiß, ein Ort unzähliger Möglichkeiten und Zukunftsszenarien, so nimmt sie der Beobachter wahr. Sie bleibt spannend und herausfordernd zugleich.

## VUKA – ein Phänomen unserer Zeit?

VUKA ist definitiv eine Herausforderung – allerdings keine neue, wie der Blick in die Geschichte zeigt:

Im historischen Maßstab ist die Komplexität unserer Zeit im Bezug auf die Wirtschaft nichts Außergewöhnliches. Vielmehr tanzten die letzten 100 Jahre und deren Einfachheit aus der Reihe.

Vor 15.000 Jahren war der Überlebenskampf der Jäger und Sammler ein höchst komplexer und vor allem unsicherer. Menschen waren den Angriffen wilder Tiere oder Naturgewalten oft schutzlos ausgeliefert. Ihr Überleben entschied sich mit dem, was die Natur an Schutz und Ernährung bieten konnte. Unsicherheit, zumeist in existenzieller Form, war zu dieser Zeit allgegenwärtig. Die Volatilität der Überlebenschance nahm ab, als die Menschen zu Ackerbauern und Viehzüchtern und sesshaft wurden und Behausungen zu ihrem Schutz bauten. Bis dahin waren sie völlig auf sich allein gestellt – jeder musste alles können, um überlebensfähig zu sein. Die Welt war demnach nicht nur komplex und herausfordernd – die Zukunft war auch höchst unsicher. Erst durch die Sesshaftigkeit der Menschen und den Beginn der Arbeitsteilung wurde Komplexität aus dem Leben genommen: Menschen mussten nicht mehr alles bewerkstelligen. Sie begannen, unterschiedliche Rollen einzunehmen und ausgewählte Aufgaben zu erfüllen. Fortgeführt wurde diese Entwicklung in Form erster Handwerksberufe im Mittelalter bzw. durch die Entwicklung von Fabriken im Rahmen der ersten industriellen Revolution. Maximale Einfachheit erreichte die Arbeit zu Zeiten Frederick Taylors, vor allem aber durch den Einfluss von Henry Ford. Scheint diese Zeit für viele von uns so maßgeblich und prägend, ist es doch interessant, zu sehen, dass diese Zeit der Einfachheit nur 25 Jahre andauerte! Bereits ab den 1950er-Jahren nahm die Komplexität der Arbeit wieder zu. Fortschreitende wirtschaftliche Zusammenarbeit, Liberalisierung von Staaten und Märkten und maßgebliche technologische Errungenschaften ermöglichten die Verlagerung bestimmter Tätigkeiten in Billiglohnländer, eine stärkere Vernetzung und den Ersatz von einfachen Tätigkeiten durch Computer und Roboter. Fortan wurde Arbeit wieder zunehmend komplexer – sowohl inhaltlich als auch organisatorisch (vgl. Scheller 2017, S. 59 ff.).

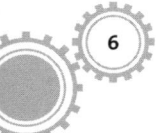

So kann eine immer wieder aufkommende Panik mit diesem Rückblick beruhigt werden und uns bestärken, dass wir Menschen prinzipiell in der Lage sind, mit VUKA umzugehen. *Dennoch finden sich Menschen, Teams und Organisationen immer häufiger an den Grenzen ihrer Belastbarkeit. Sie spüren, dass das, was sie früher bereit waren zu geben, nicht mehr ausreicht.* Führungskräfte erleben, dass junge Generationen sich weder von Incentives noch von Machtgebrüll beeindrucken oder halten lassen. Unternehmen stöhnen unter dem Druck, an jedem Tag bereits im Morgen sein zu müssen. Etablierte Führungs-, Management- und Wirtschaftsprinzipien scheinen nicht mehr zu gelten. Betrachtet man ihren Ursprung, ist das auch nicht weiter verwunderlich. Die meisten dieser Prinzipien und Theorien stammen aus einer Zeit, in der ein Höchstmaß an Einfachheit gegeben war. Sie basiert auf der Annahme, dass der Mensch ein rein durch Vernunft geprägtes Wesen, ein Homo oeconomicus sei. Beides ist Vergangenheit: Unsere Welt ist so komplex wie nie zuvor und die Vernunft als Antriebsfeder des menschlichen Handelns wurde längst von dem Wunsch nach Selbstverwirklichung, persönlicher Erfüllung und Weiterentwicklung abgelöst.

Es ist demnach höchste Zeit für eine neue Denke! Jüngste technologische Entwicklungen erhöhen diese Dringlichkeit. »Wir stehen unmittelbar vor einem der größten Umbrüche in der Menschheitsgeschichte. (…) Die digitale Transformation übertrifft alles Dagewesene an Entwicklungen hinsichtlich Schnelligkeit, Reichweite und systemischer Wirkung«, schreiben Matzler, Ballom et al. in ihrem Buch *Digital Disruption* (2016, S. 13). Cloudtechnologien, künstliche Intelligenz, 3D-Printing, Sensorik oder Robotik werden in vielen Branchen zu vollkommen neuartigen Produkten und Dienstleistungen führen. Arbeitsplätze werden womöglich in großem Stil verschwinden – aber so genau scheint es niemand zu wissen. Innerhalb der OECD geht man davon aus, dass 57 % aller Jobs durch die Digitalisierung obsolet werden, andere Studie sprechen wiederum nur von einer 10 %-Quote (Frey 2015 und Rauner 2017). Vertreter des 10 %-Szenarios argumentieren mit den Erfahrungen aus der Vergangenheit – so hätte ein abnehmender Primärsektor vor 40 Jahren ähnliche Zukunftssorgen hervorgerufen, wie es die Digitalisierung heute tut. Ich persönlich bezweifle sehr, ob wir die Erfahrungen aus der Vergangenheit in diesem Fall heranziehen können, wird die digitale Transformation in der VUKA-Welt doch alles bisher Dagewesene an Schnelligkeit und Dynamik in den Schatten stellen.

Selbstverständlich werden neue Jobs und Berufe entstehen – aber für wen und in welcher Form?

Unternehmen, die hier nicht Schritt halten können, geraten unter massiven Marktdruck durch neue Mitbewerber und verschwinden, gelingt ihnen die Anpassung nicht rechtzeitig. Arbeitnehmer, welche die geforderte Flexibilität oder die notwendigen Skills am Arbeitsmarkt nicht bieten können, haben große Probleme, eine angemessene Arbeit zu finden. Sie konkurrieren dabei nicht nur mit Arbeitnehmern aus der ganzen Welt, sondern auch mit jungen Generationen, die nicht nur bereit sind, hier mitzugehen, sondern diese Kultur auch noch prägen. Damit ist die Notwendigkeit nach Anpassung größer denn je. Wer diese versäumt, ist einem existenziellen Marktdruck ausgesetzt, dem in vielen Fällen nicht standgehalten werden kann.

VUKA war sie auch damals, die Welt im Waldorf Astoria. Wir lebten nicht nur mit volatilen Aktienkursen, sie zogen uns in ihren Bann. Im Unterschied zu heute wogen wir uns jedoch damals in Sicherheit – auch wenn Aktienkurse über Nacht um 30 % oder 40 % fielen, wussten wir, dass die Kurve mittel- oder langfristig nach oben gehen würde. Verunsicherung und Panik war zu dieser Zeit nicht aktuell. Sie erschien uns wohl VUKA, diese Welt, allerdings nicht bedrohlich. Heute ist die Ausgangssituation eine andere. Heute wissen wir aus den Erfahrungen der Vergangenheit, dass Unmögliches schnell zur Realität werden kann. Heute können wir nicht mehr auf einen mittelfristig positiven Trend vertrauen oder Szenarien als unmöglich abtun. *Heute ist sie bedrohlich, diese VUKA-Welt.*

## Coping – eine Frage der Anpassung!

»Es ist *nicht* die *stärkste* Spezies, die überlebt, auch *nicht* die intelligenteste, sondern eher diejenige, die am ehesten bereit ist, sich zu verändern» (Charles Darwin). Die Evolution hat uns gelehrt, dass Anpassung der beste Weg ist, um das eigene Überleben zu sichern.

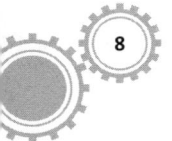

Es scheint immer das gleiche Spiel: Unsere Umwelt stellt uns vor eine Herausforderung, dann sind wir an der Reihe, aktiv darauf zu antworten. Das ist an und für sich nichts Schlechtes, ist dieser Kreislauf letzten Endes doch auch der Motor jeglicher Weiterentwicklung – durch menschliche Gier verursachte Goldgräberstimmung und deren Auswüchse außen vor gelassen.

Heute erleben Arbeitnehmer diese Notwendigkeit der Anpassung, wenn ihnen eröffnet wird, dass ihre Arbeitsleistung künftig nicht mehr gebraucht wird, weil sie kostengünstiger von jemand anderem an einem fernen Ort oder fehlerloser von einem Computer oder Roboter erledigt werden kann. Vor dieser Situation stehen Unternehmen, die plötzlich mit einem wie aus dem Nichts erschienenen Start-up konkurrieren müssen, das die Branche durcheinanderwirbelt und ihnen existenzielle Marktanteile streitig zu machen droht. Wir alle können in diesen Situationen entweder wachsen, uns rasch den neuen Veränderungen stellen und gestärkt aus der Situation hervorgehen oder aber Auswege suchen, abwarten und letzten Endes gezwungen werden, uns anzupassen – wenn es dann dazu nicht zu spät ist. Diese reaktiv agierenden Unternehmen oder Menschen lassen bewusst oder unbewusst der Umwelt den ersten Zug, um dann darauf zu reagieren. Daran ist grundsätzlich nichts einzuwenden – dieser Zug kann jedoch bereits abgefahren sein, betrachten wir Beispiele wie Kodak, Schlecker oder Quelle, die es allesamt versäumten, frühzeitig auf geänderte Rahmenbedingungen zu reagieren.

Ich persönlich erlebte diesen Druck der Anpassung in den ersten Jahren meines Berufslebens. Als gut ausgebildeter Wirtschaftswissenschaftler und Jurist standen mir in den 1990er-Jahren beruflich viele Wege offen – die ich allerdings nur zögerlich einschlug, da ich um meine mangelnde Kompetenz, mit dem PC umzugehen, wusste. Anstatt mich der Herausforderung frühzeitig zu stellen, versuchte ich es möglichst lange zu vermeiden, mir diese Fähigkeiten anzueignen. Die daraus resultierende Angst hemmte mich in meinen anfänglichen Berufsjahren beträchtlich und brachte mir anstelle des Vorteils, den ich als karrierebewusster junger Mann aufgrund meiner Ausbildung hätte haben können, einen entscheidenden Nachteil meinen Kollegen gegenüber.

Aus den Negativbeispielen der Geschichte gelernt haben jene Unternehmen, die heute versuchen, proaktiv zu agieren. Und so sind diese Unternehmen bemüht, Prozesse zu digitalisieren, um ihre Produkte in besserer Qualität, noch passgenauer auf die Bedürfnisse der Kunden abgestimmt und unter Umständen sogar günstiger anbieten zu können. Diese Unternehmen haben frühzeitig damit begonnen, ihre Services und Produkte online verfügbar zu machen, noch bevor der Kunde aufgehört hat, persönlich ins Geschäft zu kommen. Sie beobachten Trends, befragen ihre Kunden, stellen den Kundennutzen jederzeit ins Zentrum ihres Tuns und investieren in die Weiterentwicklung ihrer Produkte. Das klingt vernünftig und ist es auch. Allerdings scheitern auch diese Unternehmen. Clayton Christensen lieferte in seinem Buch *The Innovators Dilemma* die gleichermaßen überraschende wie herausfordernde Antwort auf die Fragen, warum gut geführte Unternehmen geradezu regelmäßig an Technologiesprüngen scheitern: Sie scheitern, weil sie alles scheinbar richtig machen. Im Grunde bedeutet diese Erkenntnis, dass vieles, was man im Allgemeinen als vernünftig und wichtig erachtet, wiederum nur unter bestimmten Konstellationen zum Erfolg führt (Matzler et al. 2016). *Zunehmende Volatilität, Unsicherheit, Komplexität und Ambivalenz setzen das, was einmal gut und teuer war, außer Kraft. Sie führen dazu, dass auf Vernunft basierte Strategien unzulänglich werden. Die VUKA Welt von heute verlangt nach neuen Bewältigungsstrategien.* In Zeiten, in denen uns Ursache-Wirkungs-Beziehungen bekannt waren, konnten wir auf Informationen und Erfahrungen zurückgreifen, um gute Entscheidungen zu treffen. Das funktioniert heute nicht mehr. So versuchen wir, mithilfe kreativer Methoden Wirklichkeiten zu konstruieren, die das uns Naheliegende übersteigen. Der Blick zurück auf bereits gemachte Erfahrungen ist nicht mehr ausreichend. Vernunft alleine ist kein adäquates Mittel mehr, um Entscheidungen zu treffen oder Lösungen zu finden. Wie Abbildung 1 zeigt, fordert die zunehmende Komplexität immer neue Strategien und Visionen.

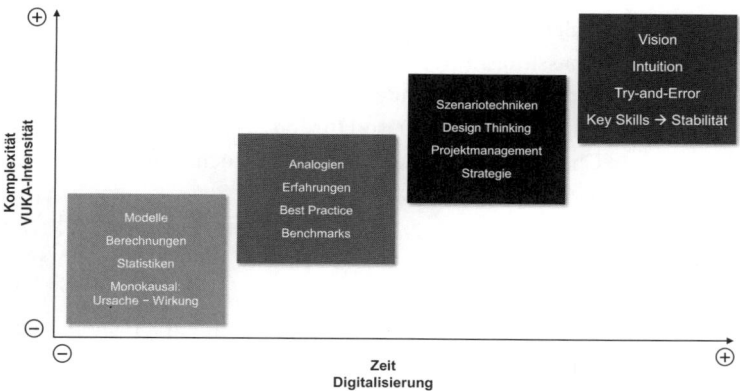

Abb. 1: Bewältigungsstrategien im Laufe der Zeit (vgl. http://thechurning.net/coping-and-succeeding-in-a-VUKA-world/; ergänzt und erweitert vom Autor)

*Die neue Metastrategie, um mit dem hohen Maß an Komplexität und Unsicherheit zurechtzukommen, ist für viele Experten Agilität.* Es wird davon ausgegangen, dass die vorherrschende Unsicherheit eine hohe Beweglichkeit bzw. Anpassungsfähigkeit an sich ständig verändernde Voraussetzungen und Annahmen verlangt. Beweglichkeit ist dabei sowohl hinsichtlich des Kontexts und Inhalts (was tue ich) als auch hinsichtlich der Arbeitsweise (wie tue ich es) gefragt. Darüber hinaus ist Agilität weder ausschließlich reaktiv noch proaktiv zu verstehen – je nach Situation ist auch diesbezüglich Anpassung gefragt.

Agilität ist definitiv ein wichtiger Zugang, um uns den kommenden Herausforderungen unserer VUKA-Welt stellen zu können. Agilität kann aber nicht die alleinige Antwort sein! Ich nehme wahr, dass Agilität in erster Linie überfordert. Agilität fordert Loslassen von bekannten Denkmustern und Arbeitsweisen, Loslassen von jeglicher Kontrolle und Macht und dafür ein aktives, selbstbestimmtes und zielgerichtetes Denken und Handeln jedes Beteiligten. Mögen diese Grundgedanken auch durchaus positiv sein, sind sie nicht jedermanns Sache und definitiv nicht durch agile Trainingseinheiten in die Köpfe der Menschen zu bekommen. Wie Betroffene reagieren, wenn sie plötzlich agil sein sollen, haben die meisten bereits beobachtet oder am eigenen Leib verspürt: Überforderung und Widerstand begleiten so manche Weiterentwicklung in Richtung agile Organisation. Die größten Blockaden sind in vielen Fällen kulturelle Hürden wie die mangelnde Anpassungsfähigkeit der Führungskultur oder die nicht ausreichend vorhandene Veränderungsbereitschaft der Mitarbeiter (vgl. Eilers et al. 2018, S. 17). Diese Hürden lassen sich weder durch gut gemeinte Change-Management-Initiativen noch Druck kurzfristig überwinden. *Agilität kann nur dann funktionieren, wenn jeder Einzelne innere Stabilität aufweist, die ihn befähigt, wirklich agil zu handeln. Diese innere Stabilität erlangen wir nicht durch ehrgeizige Agilitätsbestrebungen, sondern ausschließlich durch die Weiterentwicklung unserer Persönlichkeit.* Dementsprechend sehe ich die Antwort auf die Anforderungen unserer VUKA-Welt nicht darin, so unsicher, komplex und flexibel zu werden wie sie, sondern ganz im Gegenteil im Aufbau innerer Stabilität, die es uns erlaubt, mit dieser Unsicherheit und Komplexität souverän umzugehen.

## Literatur

Cateano, Tiberio (2017): An Open Letter to the United Nations Convention on Certain Conventional Weapons. Aufgerufen am 20.10.2018, https://futureoflife.org/autonomous-weapons-open-letter-2017/

Die Presse (2008): Angebot für Bear Stearns verfünffacht. Aufgerufen am 10.08.2018, https://diepresse.com/home/wirtschaft/economist/371875/Angebot-fuer-Bear-Stearns-verfuenffacht

Eilers, Silke. et al. (2018): HR-Report 2018. Schwerpunkt Agile Organisation auf dem Prüfstand. Hays (Hrsg.) Aufgerufen am 10.08.2018, https://www.hays.at/personaldienstleistung-aktuell/studie/hr-report-2018-schwerpunkt-agile-organisation-auf-dem-pruefstand

Frey C.B.; Osborne, M. (2015): Technology at work: The future of innovation and employment. Citi GPS: global perspectives and solutions

https://www.glassdoor.at/Bewertungen/The-Zappos-Family-holacracy-Bewertungen-EI_IE19906.0,17_KH18,27_IP3.htm, aufgerufen am 31.03.2018

Matzler, Kurt; Ballom, Franz, et al. (2016): Digital Disruption. Wie Sie Ihr Unternehmen auf das digitale Zeitalter vorbereiten. Vahlen, München.

Rauner, Max (2017): Die Pi-mal-Daumen-Studie. In: Die Zeit, 23.03.2017. Aufgerufen am 07.08.2018, https://www.zeit.de/2017/11/kuenstliche-intelligenz-arbeitsmarkt-jobs-roboter-arbeitsplaetze

Scheller, Torsten (2017): Auf dem Weg zur agilen Organisation. Vahlen, München.

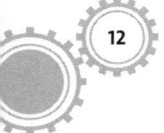

AGILITÄT

## Herkunft und Entwicklung

Agil ist hip, chic und modern – aber definitiv nicht neu. Ganz im Gegenteil: Einige Basiskonzepte von Agilität konnten bereits in den 1990er-Jahren, als die Welt begann, über Agilität zu sprechen, eine langjährige Historie aufweisen. Eines der wesentlichsten Konzepte in diesem Kontext ist das Agil-Schema nach Talcott Parsons aus den 1950er-Jahren. Parsons' systemtheoretisches Modell befasste sich mit der Frage, welche Aufgaben ein System erfüllen müsse, um seine Existenz erhalten zu können. Er identifizierte vier dafür notwendige Aufgaben: *Adaption* als die Fähigkeit eines Systems, sich an sich verändernde Bedingungen anzupassen, *Goal Attainment* als das Setzen und Durchsetzen von Zielen, *Integration* als die Fähigkeit, Zusammenhalt her- und sicherzustellen, und *Latency*, das Potenzial, eine Übereinstimmung individueller und systembezogener Werte und Normen herzustellen und aufrechtzuerhalten (vgl. Förster und Wendler 2012, S. 3–4). Interessanterweise ergaben die vier Anfangsbuchstaben dieser Kompetenzen das Wort »agil«. Agil war demnach in seinen Ursprüngen eine unabhängige Wortschöpfung, wenngleich sich die noch ältere, aus dem lateinischen Wort »agilis« hergeleitete Bedeutung, »von großer Beweglichkeit zeugend, regsam, wendig«, ebenfalls mit dem heutigen Verständnis von Agilität weitgehend deckt (Duden online 2018).

Parsons' Modell wurde in zahlreichen Konzepten aufgegriffen und weiterentwickelt, die überblicksmäßig in vier Entwicklungsphasen eingeteilt werden können:

- Agile Manufacturing
- Agile Software Development
- Agile Organization
- Agile Workforce

*Phase 1: Agile Manufacturing*

Als die Massenproduktion in den 1960er-Jahren ihren Zenit überschritten hatte und die amerikanische Wirtschaft stagnierte, wurde 1986 am Massachusetts Institute of Technologie (MIT) eine Kommission gegründet, die Empfehlungen ausarbeitete, um für Veränderungen im internationalen Wirtschaftssystem gewappnet zu sein. Die Kommission empfahl neben der Verbesserung der drei wesentlichen Performance-Kriterien Qualität, Zeit und Kosten auch »Agilität«, was wie folgt beschrieben wurde: »*A manufacturing system with extraordinary capability to meet the rapidly changing needs of the market place. A system, that can shift quickly among product models or between product lines, ideally in real-time response to customer demand*« (so zitiert in Förster und Wendler 2012, S. 8). Damit verließ Agilität erstmals die Ecke der Systemtheorie und erhielt Einzug in die Organisationslehre. Wesentlich dafür verantwortlich war der Lehigh Report aus dem Jahre 1991, in dem seine Autoren, aufbauend auf dem Agil-Schema, neue Fertigungsstrategien forderten, um die Produktivität und Kundenorientierung erhöhen zu können. Einzug fanden diese Erkenntnisse auch in der Lean-Management-Welle der 1990er-Jahre, wobei Agilität sehr wohl als Einflussfaktor, allerdings nicht als Bestandteil von Lean Management zu betrachten ist, da Verschlankung nicht explizit mit agilen Methoden herbeigeführt wird (vgl. Burg 2018).

*Phase 2: Agile Software Development*

Neben der klassischen Fertigung war es insbesondere die Softwareentwicklung, die in ihrer traditionellen Vorgehensweise auf Hürden stieß. Der zunehmenden Dynamik der Kundenanforderungen konnte in den bis dahin eingesetzten planenden Ansätzen immer weniger Rechnung getragen werden. Zudem ließen die zunehmende Komplexität und Größe der Softwareprojekte die Planung immer unvollständiger werden – es wurde immer unmöglicher, diese Dimensionen in der Planung abzubilden.

Immer häufiger musste man mit der Umsetzung beginnen, bevor die Planung abgeschlossen war. All diese Gegebenheiten waren Anstoß zur Entwicklung des Agilen Manifests (Abb. 2), das mit vier wesent-

lichen Grundsätzen nicht nur die Softwareentwicklung, sondern mittlerweile auch das Zusammenarbeiten in anderen Bereichen wesentlich prägte. Ziel dieses Ansatzes ist, den Entwicklungsprozess beweglicher zu machen, Software schneller zum Einsatz zu bringen und damit das Risiko für Fehlentwicklungen zu minimieren.

 Individuen und Interaktionen
mehr als Prozesse und Werkzeuge

 Funktionierende Software
mehr als umfassende Dokumentation

 Zusammenarbeit mit Kunden
mehr als Vertragsverhandlungen

 Reagieren auf Veränderung
mehr als das Befolgen eines Planes

Abb. 2: Das agile Manifest (Quelle: http://agilemanifesto.org/iso/de/manifesto.html)

*Phase 3: Agile Organization*

Agile Manufacturing und Agile Software Development sind Teilkonzepte, die Agilität nur in ausgewählten Unternehmensbereichen mit sich bringen können. In der Praxis ist agiles Arbeiten in diesen Teilbereichen zumeist bereits sehr gut etabliert, was häufig zu Konflikten mit anderen, noch traditionell ausgerichteten Unternehmensbereichen führt. Da insbesondere Softwareprojekte durch den agilen Zugang ihre Erfolgsquote deutlich erhöhen konnten und die generelle Notwendigkeit mehr und mehr besteht, auf Kundenbedürfnisse schnell zu reagieren, sehen sich Unternehmen immer mehr veranlasst, ihre komplette Organisation agiler auszurichten. Im Zentrum stehen Themen wie Selbstorganisation, kontinuierliches Lernen, kollektive und dennoch schnelle Entscheidungsfindung, Feedback und Lernschleifen, ein anderer Umgang mit Planung und eine größere Nähe zum Kunden. Um das zu erreichen, können Unternehmen einerseits agile Methoden einsetzen, um Neues zu entwickeln oder am Laufen zu halten, oder aber ihr Betriebssystem komplett auf Agilität umstellen. Ansätze wie Holakratie oder Soziokratie versprechen diesen Umbruch, stoßen jedoch in der Praxis auf große Hürden (vgl. Aulinger 2017, S. 6).

*Phase 4: Agile Workforce*

Sowohl der Human-Relations-Ansatz als auch dessen Weiterentwicklung, der Human-Ressourcen-Ansatz, der erstmals den Menschen (Human Being) als wichtige Ressource anerkennt, sind zwei der ältesten Ansätze. Sie fanden ihre Anfänge in den 1920er- bzw 1940er-Jahren, auf die das »moderne« Konzept der Agilität zurückgreift. Dennoch ist der Mensch erst nach der Jahrtausendwende wirklich in den Mittelpunkt der Agilitätsdiskussion gerückt. Junge Y/Z-Generationen, der Einzug von Forschungsergebnissen aus der Neurologie und Psychologie und der Bedarf an Innovationsstärke und kreativem Potenzial ließen Wirtschaftstheoretiker und mittlerweile auch immer mehr Führungskräfte erkennen, dass Mitarbeiter erst dann Höchstleistungen erbringen können, wenn ihre wichtigsten Motive und Bedürfnisse weitgehend erfüllt werden. Dieser Zusammenhang zwischen Unternehmenserfolg und Belegschaft gilt auch im Bereich Agilität. Ein Unternehmen ist immer nur so agil wie seine Mitarbeiter. Aus dieser Erkenntnis entwickelte sich die inhaltliche Spezialisierung auf den agilen Menschen. Diese umfasst Themen aus der Motivationslehre, der Stressforschung, der Gesundheitsforschung, der Führungs- und Kompetenzforschung, des organisationalen Lernens und natürlich aus dem HR-Bereich. Zusammengefasst stellt Agile Workforce damit die jüngste Entwicklungswelle des Konzepts Agilität dar und meint im Speziellen die ihr innewohnende Komponente Mensch.

Soweit zur Vergangenheit und Gegenwart. Was aber wird die Zukunft bringen? Wie wird die Agilitätsbewegung weitergehen und welche Auswirkungen wird sie für Arbeitgeber und -nehmer haben? Die Weiterentwicklung unserer Welt wird nicht linear verlaufen; im Gegenteil, die voranschreitende Digitalisierung wird maßgebliche Umwälzungen mit sich bringen. Human Enhancement, also die Verbesserung

menschlicher Leistungsfähigkeit, wird wesentlich über die derzeitigen Bestrebungen der New-Work-Bewegung hinausgehen und das Thema der Verschmelzung von Mensch und Maschine in den Fokus rücken. Diese Entwicklungen mitsamt ihren Konsequenzen möchte ich in einer Phase 5 darstellen. Ich nenne sie »Agile Collaboration«.

### Phase 5: Agile Collaboration – Mensch und/oder Maschine?

Als Google bei einer Entwicklerkonferenz seinen Sprachroboter Duplex vorstellte, wusste ich nicht, ob ich es unheimlich praktisch oder einfach nur unheimlich finden sollte. In der Demonstration wurde ein Anruf des Google Computers bei einem Restaurant vorgespielt. Seine Aufgabe war, einen Tisch für seinen Nutzer zu reservieren. Dabei verblüfften sowohl die natürliche Interaktion des Roboters wie auch seine Sprachqualität. Am anderen Ende der Leitung war es de facto nicht mehr möglich, zu erkennen, ob man gerade mit einem Menschen oder einer Maschine sprach (vgl. Proschofsky 2018).

Was Google hier eindrucksvoll vorstellte, ist wohl die Zukunft in vielen Bereichen: Roboter, die anstelle von Menschen Tätigkeiten übernehmen. Seien es Serviceroboter wie Google Duplex, die Menschen bei praktischen Alltagsaufgaben unterstützen/ersetzen, oder Roboterarme, die Facharbeiter unterstützen und ihren Einsatz in unterschiedlichen Bereichen wie beispielsweise Medizin oder Produktion von Gütern finden. Was Google aber hier auch noch vorstellte, ist für mich die Phase 5 der Agilitätsbewegung: Agile Collaboration. Während man in der vorangegangenen Phase 4 noch auf die Leistungsfähigkeit des Menschen setzte und bedacht war, diese Leistungsfähigkeit durch die Steigerung seiner Motivation und Optimierung seiner Arbeitsumgebung zu erreichen, wird in dieser Phase ein neues Zeitalter anbrechen – nämlich jenes des Cyborg, des Maschine-Mensch-Mischwesens. Mit dem Fokus auf die Leistungsfähigkeit wird entweder der Mensch durch Maschinen ergänzt oder komplett ersetzt werden. Hier geht es nicht mehr darum, den Menschen optimal einzusetzen und alles andere darum herum zu organisieren, sondern die höchstmögliche Leistungsfähigkeit der Maschine zu gewährleisten und Prozesse und Strukturen entsprechend zu gestalten.

Dabei die Austauschbarkeit des Menschen zu negieren, ist für mich Realitätsverweigerung. *Ordnen wir alles dem Leitgedanken der Agilität unter – nämlich höchste Effizienz und Kundenorientierung zu erreichen –, dann wird im Sinne der Agilität der Roboter sehr viele Menschen in ihrer Arbeit ersetzen.* Dass dieses Phänomen bis dato eine nur eingeschränkte Relevanz hat, ist einzig und allein der Tatsache zuzuschreiben, dass der Forschungsstand von Robotern noch nicht ausgereift genug ist. Bis dahin sei es noch ein Stück des Weges, meinen Experten (Weiss 2018). Dieser Weg wird allerdings in den nächsten Jahren beschritten werden – Unternehmen wie Google zeigen uns, wie intensiv daran gearbeitet wird. Und ist der notwendige Entwicklungsstand erst einmal erreicht und dominiert der agile Gedanke weiterhin unser Streben und Tun, werden wir uns in puncto Effizienz mit Maschinen messen müssen. Wie auch immer das genau aussehen wird; für mich steht fest, dass der Agilitätsgedanke wesentlich dazu beitragen wird, diese Entwicklung voranzutreiben. *Insofern möchte ich auch Parsons' Modell zur Entwicklung der Agilität um diese Phase 5 erweitern,* die Agilität vorrangig als Treiber für die Kollaboration zwischen Mensch und Roboter betrachtet, aber auch die Austauschbarkeit von Menschen in Kauf nimmt (siehe dazu auch Abschnitt »Agilität ist keine Sozialromantik«).

## Agilität und Ideologie: Der Zweck heiligt noch immer die Mittel

Trägt der Blick in die Geschichte wohl dazu bei, das Konzept der Agilität besser zu verstehen, bietet es uns noch immer keine einheitliche Definition. Und tatsächlich, ein gemeinsames Verständnis davon, was genau unter »Agilität« zu verstehen ist, gibt es weder in der Wissenschaft noch in der Praxis. In vielen Fällen wird »Agilität« mit »Flexibilität« gleichgesetzt. Ist dies auch nicht grundsätzlich falsch, wird Agilität doch weiter gefasst als Flexibilität. Worin sich Theoretiker und Praktiker einig scheinen, ist die Grundaussage, dass »Agilität dabei helfen soll, sich erfolgreich in einer zunehmend komplexer werdenden Welt zu bewegen« (Aulinger 2017, S. 2). Das tut Agilität, indem sie in einem System

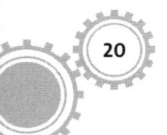

- absolute Kundenorientierung,

- schnelle Entscheidungswege,

- Anpassung und Veränderung,

- optimale Technologieausnutzung und

- Innovation

unterstützt. Wie genau das funktionieren kann, ist womöglich keine große Frage für Konzeptions-berater, sonstige Theoretiker und alle Scrum-, Holacracy- oder Lean-Management-Experten, wohl aber für die Mehrheit der Führungskräfte und insbesondere für Mitarbeiter. Da hilft es auch nichts, wenn Experten bekräftigen, dass Agilität eben so komplex sein müsse, um eine Antwort auf die Komplexität der Welt sein zu können. Dementsprechend könne es keine einheitlichen Methoden geben. Vielmehr definiere sich die Struktur von Agilität über Werte und Prinzipien, die im Anwendungsfall individuell umgesetzt werden müssten (vgl. Scheller 2017, S. 53 ff.).

Was der Rückblick in die Herkunft der Agilität allerdings eindeutig beantwortet, ist die Frage nach dem ursprünglichen Zweck von Agilität. Dies ist insbesondere interessant, weil die gegenwärtige Diskussion um die Agile Workforce das Bild prägt, Agilität basiere auf einem humanistischen oder sozialen Ansatz. Das widerlegt der Blick in die Geschichte: Dem für die Agilität so prägenden Lehigh Report geht eine Forschungstätigkeit des MIT aus den 1980er-Jahren voraus, die das Ziel hatte, Maßnahmen zu formulieren, die einer wirtschaftlichen Stagnation in Amerika entgegenwirken sollten (Förster und Wendler 2012, S. 7–8). Der ursprüngliche Gedanke, Agilität zu forcieren, war demnach rein kapitalistisch motiviert. Es ging darum, die Leistungsfähigkeit von Unternehmen und nicht das Wohlbefinden der arbeitenden Menschen zu erhöhen. Die Menschen fungierten dabei lediglich als Betriebsmittel für einen höheren volkswirtschaftlichen Zweck. Dieses Leitmotiv gilt heute noch, haben sich auch Interpretation und Mittel, diesen Zweck zu erfüllen in den letzten 30 Jahren geändert.

*Der Zweck ist noch immer derselbe: den Menschen möglichst leistungsfähig zu machen.* Schon sehr bald erkannte man bei dieser Thematik, dass Leistungsbereitschaft bei Menschen nur dann langfristig gegeben war, wenn auch Motivation vorhanden war. Bereits Henry Ford und Frederick Taylor wussten um diesen Zusammenhang, wenngleich sie auch die Gründe für die mangelnde Motivation ihrer Fließbandarbeiter falsch interpretierten: Aus der mangelnden Motivation ihrer Mitarbeiter schlossen sie, dass Menschen von Grund auf unmotiviert wären. Sie glaubten, man könne erst durch extrinsische Anreize wie Gehalt, Boni etc. ein gewisses Maß an Begeisterung und damit eine höhere Leistungsfähigkeit erlangen. So führte Taylor ein Modell ein, das seine Arbeiter per Stück bezahlte, und Ford verkürzte die Arbeitszeiten, während er das Gehalt steigerte. Die Arbeit selbst hingegen wurde bewusst monoton, zerlegt in kleinen Arbeitsschritten, repetitiv und einfach gehalten. Das System funktionierte damals – trotz Fehlinterpretation des Wesens Mensch – womöglich aufgrund der Gegebenheiten der damaligen Zeit und des Mangels an Alternativen.

Interessanterweise hat zwar zwischenzeitlich die Verhaltensforschung grundlegende Errungenschaften erzielt und auch die Umstände haben sich wesentlich geändert, nicht aber das Anreizsystem in vielen Unternehmen. Anfänglich brachte auch die eigentlich revolutionäre, doch von vielen wenig beachtete Theory X and Y von Douglas McGregor aus den 1960er-Jahren wenig Veränderung. Douglas lehrte am MIT und widerlegte erstmals öffentlich die bis dahin gängige Interpretation, dass der Mensch ausschließlich extrinsisch zu motivieren und entsprechend durch Vorgaben zu führen bzw. zu belohnen oder zu sanktionieren sei. Douglas stellte diesem Menschenbild X ein Menschenbild Y gegenüber, das davon ausgeht, dass der Mensch von Natur aus ehrgeizig ist und seinen Beitrag leisten möchte. Theory Y räumt dem Menschen Verantwortungsbewusstsein und Selbstkontrolle ein und erwartet Kreativität und Leidenschaft. Im Unterschied zur Theory X glaubt Theory Y nicht daran, diese Eigenschaften durch extrinsische Motivatoren langfristig hervorrufen zu können. Vielmehr ginge es darum, eine Arbeitsumgebung zu schaffen, die Menschen das tun lässt, was sie gerne tun und worin ihre Stärken liegen, und ihnen Selbstorganisation und Sinnhaftigkeit zugesteht (vgl. Foegen, 2016, S. 158f.).

Dass Douglas recht hatte, zeigen Generationsstudien. Während man Babyboomer und Generation Xler, also alle zwischen 1946 und 1979

Geborenen, großteils noch mit Gehaltserhöhungen, Bonuszahlungen oder Statussymbolen wie Dienstautos oder großzügigen Büroräumlichkeiten motivieren konnte, fällt das bei jungen Generationen immer schwerer. Babyboomer und Xler verfolgten ein Lebenskonzept, das aufopfernde Arbeitsjahre gleichermaßen beinhaltete wie finanziell abgesicherte Rentnerjahre. Sie stießen sich nicht an Hierarchien, hatten sie doch als klassische Karrieristen die Vorstellung, selbst einmal ganz oben zu stehen. Sie hatten kein Problem damit, sich in einem System von Sicherheit und Planbarkeit unter- und einzuordnen. Sie forderten daher auch keine Selbstorganisation, waren doch ihre Motive und Bedürfnisse in hierarchischen Grundordnungen lange Zeit gut abgedeckt.

*Die erste Generation, die sich wirklich gegen diese Grundordnungen auflehnte, war die Generation Y.* Die klassische Karriere war nicht ihr Bestreben. Sie forderten Selbstorganisation, Entscheidungskompetenz, Ergebnisorientierung und Flexibilität. Sie benötigen weder streng hierarchische Strukturen noch definierte Prozesse um sich wohlzufühlen. Experten bezeichnen die Generation Y als die Generation der offenen Lebensläufe: Sie wollen sich heute noch nicht festlegen, wo sie morgen sind, klassische Karriereleitern sind ihnen zu starr, denn für sie ist es keineswegs erstrebenswert, Medizin zu studieren und dann als Oberarzt in Rente zu gehen. Stattdessen fordern sie Arbeitgeber heraus, ihnen auf Augenhöhe zu begegnen und ihnen Anerkennung zu zollen.

Junge Generationen vertreten das, was man heute als agil versteht. Dementsprechend fällt es diesen Generationen wesentlich leichter, Agilität im Arbeitsleben zu leben. Sie müssen sich nicht anpassen. Im Gegenteil: Sie sind es, die diese Arbeits- und Lebensweise entscheidend mitgestalten. Sie wollen Agilität, weil es sie in ihrem Bestreben nach Glück und Sinnerfüllung unterstützt.

Arbeitgeber passen sich den Forderungen der jungen Menschen an und handeln dabei – wie auch die Vertreter der jungen Generationen – eigenoptimiert. Unternehmen brauchen die Kompetenz, das Wissen, die Fähigkeiten, die Kreativität, das Innovationspotenzial und die Loyalität dieser jungen Menschen, um betriebswirtschaftlich erfolgreich zu sein. Sie sind auf die Leistungsfähigkeit dieser jungen

Menschen angewiesen. *Damit ist Agilität hier wiederum nicht das eigentliche Ziel, sondern Mittel zum Zweck – dem Zweck, wirtschaftlich erfolgreich zu sein.*

## Agilität ist keine Sozialromantik

*Das Prinzip der Austauschbarkeit*

Nach unserem Rückblick in die Geschichte versuchen wir nun, Agilität zu Ende zu denken. Was, wenn wirklich jeder Einzelne hundertprozentig agil wäre? Was, wenn jedes einzelne Unternehmen eine agile, lernende Organisation wäre? Wären wir dann alle vollends VUKA? Wären wir dann Getriebene in einer unberechenbaren, undurchschaubaren und höchst komplexen Umwelt? Oder wären wir im besten Fall beweglich, geschäftig und ganz und gar lebendig in einer chancenreichen digitalen, dynamischen Umwelt?

*Wenn ich das Konzept der Agilität, dem maximaler Kundennutzen und höchste Effizienz zugrunde liegen, weiterspinne, dann wird für mich der Mensch vor allem eines: fungibel und austauschbar!* In Zeiten von Robotern und künstlicher Intelligenz bekommt dieses Prinzip der Austauschbarkeit eine völlig neue Dimension. Was zu Zeiten meines Berufseintritts noch als Science-Fiction galt, ist heute längst Realität. Gerne erinnere ich mich in diesem Kontext an Marty McFly, der in *Zurück in die Zukunft* in das Jahr 2015 fliegt, in dem Menschen mit Hoverboards durch die Gegend cruisen und Faxnachrichten aus mit Faxgeräten ausgestatteten Briefkästen bekommen. Mit Smartphones hingegen, war niemand unterwegs. Es bleibt die Frage offen, ob wir uns bezüglich des zukünftigen Digitalisierungsgrades von Arbeit ähnlich täuschen, wie die Drehbuchautoren von *Zurück in die Zukunft*. Unterscheiden sich auch die Prognosen über das Ausmaß des Automatisierungsgrads der Arbeit, herrscht doch Konsens darüber, dass Teile menschlicher Arbeit von Robotern und künstlichen Systemen ersetzt werden. Alles andere wäre ganz einfach auch konträr zu jeder kapitalorientierten Denke. Wie Abbildung 3 zeigt, steigen die Kosten für Arbeit seit Jahren kontinuierlich, während die Kosten für Roboter sinken. Zudem machen die Weiterentwicklungen auf dem

Gebiet der Robotics und künstlichen Intelligenz den Einsatz von Robotern auch immer einfacher und flexibler – von der Qualitäts- und Effizienzsteigerung gar nicht erst zu sprechen. Längst können Algorithmen Röntgenbilder mit einer höheren Treffsicherheit auswerten als Ärzte und neuronale Systeme genauere Auskunft geben über den Wartungszustand von Kraftwerken oder Turbinen als Ingenieure. Die Digitalisierung ist angekommen – in fast allen Berufsgruppen, nicht nur bei Hilfsarbeiten, Maschinenbedienern und Handwerkern.

**Roboter: Geringe Kosten – Hohe Produktivität**
Index der durchschnittlichen Kosten für Roboter im Vergleich zu Personalkosten in der Produktion in den USA
1990 = 100 %

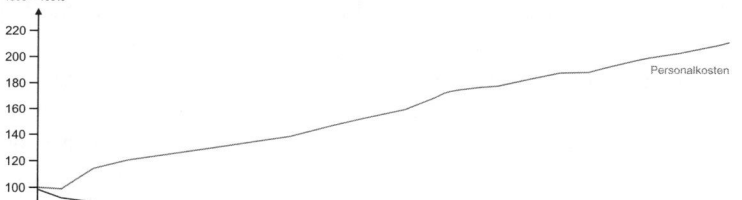

Source:
Economist Intelligence Unit; IMB; Institut für Arbeitsmarkt- und Berufsforschung; International Robot Federation; US Social Security Data, McKinsey Analysis

Abb. 3: Index der durchschnittlichen Kosten für Roboter im Vergleich zu Personalkosten in der Produktion in den USA, 1990 = 100 % (Quelle: www.mckinsey.com/business-functions/operations/our-insights/automation-robotics-and-the-factory-of-the-future)

Agile Systeme unterstützen diese Austauschbarkeit, indem sie auf maximale Kundenorientierung und Effizienz ausgerichtet sind. Dabei wird die Relativierung von Macht und Status, wie sie in agilen Organisationen versucht wird zu leben, auch vor der Gleichbehandlung von Mensch und Roboter nicht haltmachen. Wenn ich Agilität zu Ende denke, dann sehe ich nicht mehr den Menschen im Mittelpunkt, sondern das ungewisse Etwas, das Kundenorientierung und Effizienz am besten bewerkstelligen kann. Wenn ich Agilität zu Ende denke, sehe ich ein höchst kapitalistisches System mit neuen Säulen der Macht, getarnt hinter dem Buzzword »agil«, das nur im ersten Anschein eine auf Werten basierende soziale und humanistische Haltung vortäuscht. Wenn ich Agilität zu Ende denke, dann gefällt mir das ganz und gar nicht. Agilität ist da und sie ist gut – in vielen Bereichen und in vielen

Situationen. Wir dürfen aber dabei nicht vergessen, dass Agilität nie der Zweck, sondern immer nur das Mittel ist, das effizient einen womöglich fragwürdigen Zweck verfolgt.

## Ein sich selbst erhaltendes System

Unternehmen, die konsequent agil agieren, haben es verstanden, den arbeitenden Menschen und seine Bedürfnisse in den Fokus zu rücken, um Leistung, Innovationskraft und kreatives Potenzial im Unternehmen zu steigern. Diese Unternehmen treibt aber nicht ein humanistischer Grundgedanke. Diese Unternehmen agieren intelligent, sie haben die Theorie Y gleichermaßen verstanden wie Csíkszentmihályis Phänomen des Flow-Erlebens. Sie haben von Vorzeigeunternehmen wie Google gehört, dass die innovativsten Ideen des Unternehmens in jener Zeit entstanden, die Google seinen Mitarbeitern gewährt, um (jenen unternehmensspezifischen) Themen nachzugehen, die Mitarbeiter besonders interessieren. Diese Unternehmen bewunderten die Umsatzzahlen von Unternehmen wie Zalando, UBER, Microsoft oder Southwest Airlines und fragten dann nach dem Wie. Mitarbeiterorientierung, Selbstorganisation, neue Arbeitsweisen und Methoden sind nicht der ultimative Zweck, sondern wieder nur Mittel, um letztlich als System wirtschaftlich erfolgreich zu sein.

*Agilität ist ein adäquates Mittel, um kapitalistische Systeme zu unterstützen.* Gemäß seiner Definition kann Agilität dazu beitragen, »sich (wirtschaftlich) erfolgreich in einer zunehmend komplexer werdenden Welt zu bewegen« (Aulinger 2017, S. 2). Da wirtschaftlicher Erfolg die Existenzberechtigung eines Unternehmens darstellt, ist es letztendlich auch dieser wirtschaftliche Erfolg, nach dem Unternehmen streben. Um diesem wirtschaftlichen Leitprinzip zu genügen, waren dem Menschen schon seit jeher viele Mittel recht: Waren es zu Zeiten der Sklaverei die völlige Ausbeutung und Unterdrückung der Menschen, so wurden im maschinellen Zeitalter die Bedürfnisse der Menschen den produktionssteigernden Anforderungen von Maschinen völlig untergeordnet. Konnte die Entwicklung zur demokratischen Gesellschaft, die konstitutive Verankerung von Menschenrechten und die Weiterentwicklung der Gesetzgebung unter Berücksichtigung der Gewaltenteilung diese Auswüchse zumindest in westlichen Gesell-

schaften auch weitgehend unterbinden, leben wir nach wie vor in einem marktwirtschaftlich geprägten System, das nach betriebswirtschaftlichem Gewinn in seinen Organisationen strebt.

Das Rezept unserer Zeit, um Unternehmen in ihrer Existenz zu stärken, ist Agilität. Zumindest scheint es das zu sein. Diese Meinung teile ich nicht. Ich bin davon überzeugt, dass Agilität in Einzelfällen und in bestimmten Bereichen wie beispielsweise der Softwareentwicklung, aber auch allgemeiner Projektabwicklung und sogar in der Strategieentwicklung eines Unternehmens zum Erfolg führen kann. Gleichermaßen aber bin ich davon überzeugt, dass konsequente Agilität auf Unternehmensebene langfristig scheitern wird. Zum Stolperstein wird unter anderem der Mensch selbst werden, der weder hundertprozentig agil sein kann, noch jemals jegliche Machtansprüche gänzlich ablegen wird. (Mehr dazu lesen Sie in Kapitel 3.)

Diese Tatsache ist für mich gleichermaßen beunruhigend wie erleichternd. Sie ist beunruhigend, weil wir damit wiederum kein Werkzeug in der Hand haben, mit den Anforderungen der VUKA-Welt zurechtzukommen. Die Abwesenheit dieser Lösung erhöht selbstverständlich auch die Wahrscheinlichkeit, dass sich fundamentale Krisen, wie die Weltwirtschaftskrise 2008, wiederholen werden. Gleichermaßen bin ich aber auch erleichtert darüber, dass hundertprozentige Agilität nicht funktionieren wird, weil das Scheitern von Agilität Unternehmen davor bewahren wird, jeglichen sozialen Gedanken außen vor zu lassen und ausschließlich effizienz- und kapitalorientiert zu agieren.

Dass Agilität in ausgewählten Bereichen funktionieren kann, lässt sich zum Beispiel im internationalen Profifußball beobachten. Diese Teams streben nach höchster Effizienz und stellen sicher, dass zu jeder Zeit nur jene Menschen an der Arbeit sind, die bestmögliche Leistung bringen können. Dafür ist maximale Agilität gefragt und maximale Austauschbarkeit eine unabdingbare Konsequenz. Je agiler die Teams, desto weniger sind sie von der Leistung einzelner Profis abhängig. Jeder Spieler ist jederzeit einsetzbar und zugleich ersetz- und austauschbar. Die Systeme dieser Klubs erhalten sich selbst. Die Spieler, so herausragend sie auch sein mögen, dienen dem System – solange sie die effizienteste Lösung darstellen.

*Wie das in der Praxis aussieht, möchte ich anhand des Fußball-klubs Red Bull Salzburg demonstrieren. Der Klub lebt hundertprozentige Agilität und damit auch hundertprozentige Austausch-barkeit und hat damit wirtschaftlichen Erfolg.* Selbstverständlich profitieren Finanziers gleichermaßen wie Fußballbegeisterte und die gesamte Region Salzburg von diesem System. Es funktioniert und führte zu einer Fußballklasse, die Salzburg ohne Red Bull nie gesehen hätte. Eine Tatsache, die ich als Fußballbegeisterter und Anhänger des Klubs sehr begrüße. Gleichermaßen nehme ich aber auch die hohe Austauschbarkeit und den extremen Leistungsdruck bei Spielern wahr. Beides kann ich im Bereich des Profisports vertreten. Greift das hier in Perfektion vorgelebte System jedoch auf die Wirtschaft über, sehe ich gravierende soziale Probleme auf uns zukommen.

### Die Red Bull Soccer-Story als Vorreiter für Agilität

Als Dietrich Mateschitz Anfang der 2000er-Jahre bekannt gab, in die österreichische Bundesliga zu investieren, fragten sich so manche, was die Motivation dahinter war. Zwar unterstützte das Red-Bull-Im-perium bereits davor interessante Einzelsportler und breitenwirk-same Sportarten wie zum Beispiel die Formel 1, trotzdem blieb die Strategie hinter diesem Investment – und es ging damals um einen kompletten Infrastrukturaufbau und den Aufbau einer Kampfmann-schaft praktisch von null – weitgehend im Verborgenen. Musste man es wirklich als reine Marketingstrategie verstehen, um den Absatz der Red-Bull-Dosen zu steigern? Bereits sehr bald wurde klar, dass Mateschitz und sein Team weniger Interesse an der Österreichischen Bundesliga hatten und sie diese vielmehr als Mittel zum Zweck be-trachteten, um die internationale Profifußballbühne betreten zu kön-nen. Heute erschließt sich dem aufmerksamen Beobachter mehr als das: An der Erfolgsgeschichte einzelner Top-Spieler, die in der Red Bull Soccer-Story groß geworden waren und heute um zig Millionen international gehandelt werden, zeigt sich die gut durchdachte Stra-tegie von Mateschitzs Investment. Die Vision von Red Bull Salzburg war von Anfang an, in das internationale Fußballgeschäft zu kommen. Der Ursprung des Erfolgswegs lag aber nicht in der wenig beachteten österreichischen Fußballbundesliga, sondern in einem international eher weniger beachteten, ausgeklügelten, elitären Ausbildungssystem.

Der dazu notwendige Bau einer Red-Bull-Akademie kostete etliche Millionen, dieses Investment sollte sich aber für den Verein lohnen.

Heute, über zehn Jahre nach Beginn des FC Red Bull Salzburg, scheint diese Vision weitgehend erreicht. Branchenkenner halten die Salzburger Ausbildungsakademie für eine der besten der Welt (Ackermann 2018). Innerhalb weniger Jahre konnte sich Red Bull Salzburg zu einem der weltweit gefragtesten Klubs im Nachwuchsfußball entwickeln. Neben Salzburg hält Red Bull drei weitere Standorte – nämlich in New York, Campinas (Brasilien) und in Leipzig. Die an diesen Orten geförderten Akademien und Fußballvereine dienen allesamt dem ultimativen Zweck, außergewöhnliche Spieler hervorzubringen bzw. mit den Teams internationale Erfolge einzufahren.

Dafür wird in die Red-Bull-Talente auch langfristig investiert. Sie werden schon im Kleinkindesalter gescoutet, ausgewählt, ausgebildet und weiterentwickelt. Wer von den Besten noch mit circa 17 oder 18 Jahren verletzungsfrei geblieben ist und in das Spielsystem von Red Bull passt, kommt in einen der Red-Bull-Profifußballclubs. Wer sich auch hier durchsetzt, wird mit Glück an europäische Spitzenclubs der führenden europäischen Ligen weiterverkauft. Beispiele dafür sind Sadio Mane oder Naby Keita, die für hohe Beträge verkauft wurden. Dennoch bleiben diese Spieler Ausnahmen. Der Großteil dieser jungen Sportler wird durch andere leistungsstärkere oder für das Team passendere Spieler im Lauf der Ausbildung ersetzt. Dieser Leistungsgedanke macht vor keiner Altersgruppe Halt – bereits siebenjährige Talente erleben diese elitäre Selektion in ihren Stammvereinen.

Neben dem sportlichen Ehrgeiz und ideellen Beweggründen der Red-Bull-Führung ist und bleibt Red Bull selbstverständlich ein profitorientiertes Unternehmen. Natürlich genießen die einzelnen Spieler Privilegien: Sie werden von den besten Trainern der Welt mit neuesten Methoden in modern ausgestatteten Sportstätten trainiert. Sie werden in vielen Bereichen ihrer Entwicklung gefördert und unterstützt – so bemüht sich beispielsweise Red Bull um Kooperationen mit Schulen, um ihren Schützlingen neben der sportlichen Förderung auch eine hervorragende schulische Ausbildung zu bieten. Letzten Endes müssen sie aber einem System dienen, welches sie nicht zuletzt selbst – durch ihren Abgang – prominent mittels Transfermillionen oder eben nur auf Abruf ohne Ruhm und Gelderwerb am Leben erhalten. Erstklassige Ausbildungsmöglichkeiten und individuelle Spielerförderung auf höchstem Niveau sind hier die Mittel zum Zweck, nämlich den Marktwert zu erhöhen und somit betriebswirtschaftlich erfolgreich zu sein.

Gleichermaßen agieren agile Unternehmen. Was erstklassige Ausbildungsmöglichkeiten in Akademien, individuelle Spielerförderung und talentierte Spieler auf Abruf bei Red Bull sind, sind Selbstorganisation und Kundenorientierung bei diesen Unternehmen. Sie sind die Mittel zum Zweck, Gewinnmaximierung zu erreichen. So wie ich dem Unternehmen Red Bull Fußballbegeisterung und regionale Verantwortung nicht absprechen kann, so möchte ich auch agilen Unternehmen das ehrliche Interesse am Menschen zugestehen. Trotzdem ist weder das eine noch das andere das ultimative Ziel. Dieses Ziel ist nämlich, den Gewinn bzw. den Marktwert zu erhöhen oder zumindest das betriebswirtschaftliche Überleben zu sichern.

Mögen nicht fußballaffine, weniger leistungsorientierte und ideologisch eher antikapitalistisch orientierte Menschen diese agil durchdachte Vorgehensweise im internationalen Profifußball verachten, ich hingegen begrüße als Salzburger Fußballfan diese Gangart. Habe ich doch früher nicht annähernd technisch versierte und hoch talentierte Fußballer live sehen und so viele Siege »meines Teams« mit viel Freude miterleben dürfen.

## Literatur

»Agile« auf Duden online: https://www.duden.de/rechtschreibung/agil, aufgerufen am 26. 06.2018.

Ackermann, Marco (2018): Wo Red Bull seine Fußballer züchtet. In: Neue Zürcher Zeitung. Aufgerufen am 20.06.2018, https://www.nzz.ch/sport/wo-red-bull-seine-fussballer-zuechtet-ld.1374339

Aulinger, Andreas (2017): Die drei Säulen agiler Organisationen. Whitepaper. Steinbeis-Hochschule, Berlin. Institut für Organisation & Management.

Burg, M. (2018): Agilität – ein Hype-Wort entziffert / Essay 11, In: VUKABLOG [Weblog], 29.3.2018, Online-Publikation: https://blog.monikaburg.com/2018/29/03/

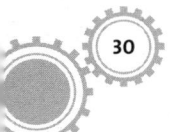

agilitaet-ein-hype-wort-entziffert-agil-schema-agile-manufacturing-software-deve-
lopment-organization-workforce-mindset/, Abrufdatum: 26.06.2018

Foegen, Malte; Kaczmarek, Christian (2016): Organisation in einer Digitalen Zeit. Ein
Buch für die Gestaltung von reaktionsfähigen und schlanken Organisationen mit Hilfe
von skalierten Agile & Lean Mustern. Wibas Gmbh, Darmstadt.

Förster, Kerstin; Wendler, Roy (2012): Theorien und Konzepte zu Agilität in Organisationen. In: Dresdner Beiträge zur Wirtschaftsinformatik Nr. 63/12. Aufgerufen am
26.06.2018, http://www.qucosa.de/fileadmin/data/qucosa/documents/12960/Foers-
ter-Wendler_Theorien-Konzepte-Agilitaet_gesamt.pdf

Proschofsky, Andreas (2018): Googles künstliche Intelligenz verblüfft mit Anruf bei
Restaurant. In: Der Standard, 9. Mai 2018. Aufgerufen am 07.08.18, https://ders-
tandard.at/2000079440170/Googles-Kuenstliche-Intelligenz-verbluefft-mit-An-
ruf-bei-Restaurant

Scheller, Torsten (2017): Auf dem Weg zur agilen Organisation. Vahlen, München.

Wallner, Heinz Peter; Völk, Kurt (2017): Fokus Self-Leadership. Gesunde und wir-
kungsvolle Selbstführung in Zeiten hoher Komplexität. Edition Summerhill.

Weiss, Astrid (2018): Die Zukunft der Mensch-Roboter-Beziehung. In: OCG Journal
01/18. Aufgerufen am 07.08.2018, https://www.acin.tuwien.ac.at/file/research/cds/v4r/
events/Weiss_Zukunft_Mensch_Roboter.pdf

Wiki KI: Künstliche Intelligenz bei Wikipedia: https://de.wikipedia.org/wiki/
K%C3%BCnstliche_Intelligenz#cite_note-38

# DIE AGILITÄTS-FALLEN

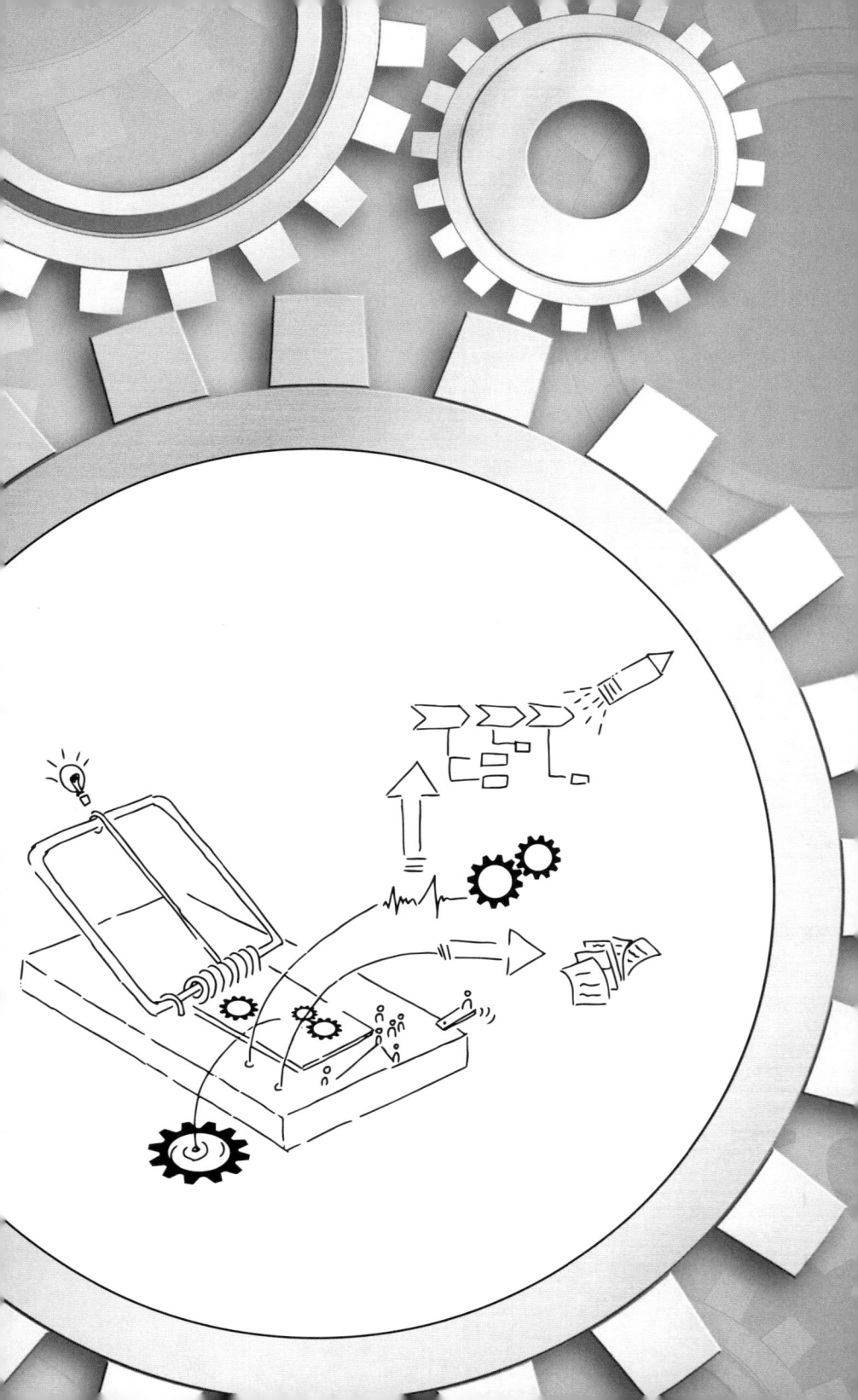

In der Theorie klingt es verlockend: Jeder macht das, was er wirklich will. Wir begegnen uns auf Augenhöhe und organisieren unsere Zusammenarbeit im Team selbst. Und ganz nebenbei sind wir auch noch erfolgreich – viel erfolgreicher als jene trägen Unternehmensriesen, die auf traditionelle Strukturen, Bonus-Zahlungen und charismatische Führung setzen. Warum zeigt uns die Praxis dann vielerorts ein anderes Bild? Nämlich jenes von überforderten und frustrierten Mitarbeitern? Von Führungskräften, die ihre gewohnte Führungsrolle nicht neu definieren wollen und können? Von Unternehmen, die agile Wege wieder verlassen? Und von noch mehr Unternehmen, die zwar agil sein möchten, deren agiler Reifegrad allerdings nicht wirklich in die Gänge kommt (vgl. Haufe 2017, S. 6)? Experten sprechen davon, dass etwa nur 10 % der Unternehmen darauf vorbereitet sind, den digitalen Wandel gut bewältigen zu können (Bertelsmann Stiftung, Min. 04:19).

Es ist offensichtlich: *Agilität in ihrer Reinkultur funktioniert nicht.* Die Gründe dafür sind vielfältig. Sie liegen einerseits in der Logik der Agilitätstheorie verborgen. Zum anderen aber stolpert Agilität über Organisationen, Teams und nicht zuletzt den Menschen selbst. Vor allem Letzteren haben die agilen Vordenker in ihrer Kalkulation vergessen.

Und so basiert das Konzept der Agilität auf Annahmen, die in der Realität ganz einfach nicht haltbar sind, weil sie Wichtiges übersehen oder falsche Schlüsse gezogen haben. Es handelt sich dabei um drei zentrale Fehlannahmen:

### Fehlannahme 1: »Agile Werte sind die Werte der Zukunft«

Agilität wird als zukunftsweisende Arbeitsform für die Anforderungen unserer VUKA-Welt gehandelt. Dabei wird sie als eine Vorgehensweise beschrieben, die sich an Werten und Prinzipien anstatt an

Methoden und Prozessen orientiert (vgl. Agiles Manifest in Abb. 2). Woher aber kommen diese Werte und Prinzipien? Natürlich aus der Vergangenheit! Sie sind ein Produkt unserer Erfahrungen! Wie also soll die agile Arbeitsweise einem Kontext gerecht werden, der sich durch eine noch nie dagewesene Volatilität und Unsicherheit auszeichnet? Ist es nicht gerade der Umstand, dass uns die Gegenwart und wahrscheinlich auch die Zukunft mit Phänomenen konfrontieren, die wir für unmöglich gehalten hätten? Ist es nicht gerade die Herausforderung, dass bekannte kausale Wirkungszusammenhänge ausgehebelt werden, die uns Kopfschmerzen bereitet? Betrachten Sie in diesem Zusammenhang Abbildung 1 und erinnern Sie sich daran, dass wir neue Bewältigungsstrategien benötigen, um den Anforderungen der Zukunft gerecht zu werden!

Denken wir an die Lehman-Pleite und ihre Konsequenzen! Unsere Erfahrungswerte erwiesen sich damals als unbrauchbar, wir waren gezwungen, in neuen Dimensionen zu denken. So wenig uns unsere Erfahrungswerte im Jahr 2008 halfen, so wenig wird Agilität den Anforderungen der VUKA-Welt standhalten können. *Während uns VUKA nämlich immer wieder neu zu überraschen vermag, orientiert sich Agilität an dem, was wir bereits kennen: den Erfahrungen unserer Vergangenheit.*

### *Fehlannahme 2: »Nur Komplexität löst Komplexität«*

Befürworter agiler Arbeitsweisen nutzen das Gesetz von Ashby für ihre Argumentation, warum Agilität komplex sein müsste, um wirksam zu sein. William Ross Ashby war ein britischer Psychiater und Pionier auf dem Gebiet der Kybernetik. Er formulierte das Gesetz, dass Komplexität nur mit Komplexität absorbiert werden kann. Genau aus diesem Grund – so argumentieren Befürworter – wäre Agilität eine adäquate Herangehensweise, um mit der Komplexität der VUKA-Welt zurande zu kommen.

Ich halte das für viele Anwendungsfälle durchaus plausibel. Wenn dieses Prinzip allerdings als Bewältigungsstrategie für eine höchst dynamische VUKA-Welt angewendet werden soll, dann lehrt mich die Praxis etwas anderes: Dort erlebe ich nämlich Tag für Tag, dass

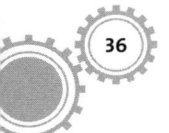

Agilität mit ihrer Komplexität und Unsicherheit viele Menschen gleichermaßen überfordert, wie es die VUKA-Welt selbst tut. Kaum verwunderlich, erklären sogar Experten, dass man sich dem Komplexitätsgrad von VUKA anpassen müsse, um ihn zu bewältigen. Man schafft also etwas Komplexes, um etwas Komplexes zu bewältigen? Man könnte auch sagen: Man schafft etwas Überforderndes um mit etwas Überforderndem zurechtzukommen? Ob das der richtige Weg sein kann? Ich glaube nicht! Ich glaube, es geht einfacher! Es sind nämlich nicht die komplexen, sich dynamisch verändernden äußeren Rahmenbedingungen, die unser Agieren dominieren sollen, sondern eine innere Stabilität, die es als einzige Bewältigungsstrategie wirklich mit der VUKA-Welt aufnehmen kann.

Auch Experten und Anwender unterschiedlicher Hintergründe weisen schon seit Längerem auf die Bedeutung von Stabilität im agilen Kontext hin: »Agility is the ability to balance flexibility and stability «, erklärte Jim R. Highsmith bereits 2009 in Anbetracht immer turbulenter werdender Rahmenbedingungen in seinem Buch zum Agilen Projektmanagement (2009, S. 7). Neben all diesen Vor- und Querdenkern sind es aber insbesondere die arbeitenden Menschen, die mich zu der Überzeugung bringen, dass mit der Agilität, wie sie heute gelebt und vor allem verkauft wird, etwas faul ist. Diese Menschen sind orientierungslos und überfordert, weil sie sich – oft ohne innere Stabilität – plötzlich an Prinzipien und Werten orientieren sollen, die sie nicht wirklich verstehen. Sie werden zu Getriebenen und verlieren die Selbststeuerung in einer komplexen Außenwelt, die voller Überraschungen ist. Das beobachte ich immer wieder, wenn ich zum Beispiel mit verschiedenen Generationen in Organisationen zu tun habe oder auf manche traditionell aufgestellte Unternehmen blicke, mit denen ich zusammenarbeite: Sie versinken im Chaos, arbeiten punktuell zwar effizient agil, lassen allerdings jegliche gemeinsame Ausrichtung auf Dauer vermissen. *Ich erlebe Agilität nicht als die Lösung für Komplexität, sondern als etwas viel zu Komplexes und Unsicheres, das die Herausforderungen der VUKA-Welt nicht bewältigt, sondern im Gegenteil: sie verstärkt und beschleunigt.*

*Fehlannahme 3: »Agilität ist auf ganze Organisationen
übertragbar«*

Agiles Arbeiten funktioniert in ausgewählten Bereichen ohne Zweifel ausgezeichnet. Bestimmte Kundenprojekte, die nach agilen Prinzipien umgesetzt werden, weisen höhere Erfolgsquoten auf, weil sie gerade jene Punkte adressieren, die bei traditionell geführten Projekten zu Problemen führen: Sie stellen beispielsweise eine permanente Integration des Kunden sicher und unterstützen dadurch sowohl eine realistische Erwartungshaltung des Kunden gegenüber dem Ergebnis als auch eine klare Zielorientierung des Projektteams. In der Praxis lautet die Schlussfolgerung nach zufriedenstellend abgeschlossenen agilen Projekten wie folgt: »Wenn das hier funktioniert, muss es das auch in anderen Bereichen tun. Wir müssen unser komplettes Unternehmen auf Agilität umstellen!« Und damit nimmt das Chaos in vielen Fällen seinen Lauf. Agiles Arbeiten kommt wie auch viele agile Organisationsmodelle aus der Softwareentwicklung – und dementsprechend wird häufig agiert. Anstatt ein Unternehmen als das zu sehen, was es wirklich ist, nämlich ein System von Menschen, wird es als ein System von Prozessen und Strukturen betrachtet und auch dementsprechend behandelt. *Weder Managementsysteme noch Organisationsmodelle sind Betriebssysteme, die man mithilfe eines Updates auf »agil« umstellen kann.* Wird dieser Tatsache auch in letzter Zeit erfreulicherweise mehr und mehr Rechnung getragen – der Ruf nach einem agilen Mindset wird immer lauter –, werden andere Komponenten übersehen, die eine agile Reinkultur in Organisationen unmöglich machen. Eine davon ist die Tatsache, dass alternative Management- und Organisationsmodelle nicht das geltende Recht ersetzen. Dabei kommt es insbesondere in Fragen der Haftbarkeit, der Verantwortung oder der Funktionen des Betriebsrates zu Konflikten. Zum anderen können bestehende Hierarchien nicht problemlos aufgelöst werden – nicht nur weil sich jene, die an der Macht sitzen, dagegen auflehnen werden, sondern auch weil neben der Macht das Wissen in Unternehmen nicht gleichmäßig verteilt ist. Damit kann ein Grundprinzip des agilen Arbeitens, nämlich jenes der Selbstorganisation, das auch das Treffen von Entscheidungen beinhaltet, nicht ad hoc umgesetzt werden. Darüber hinaus scheitern agile Organisationen noch an einer Vielzahl anderer »weicher« Faktoren, die insbesondere vom Menschen als fragiles Wesen geprägt sind und in den folgenden Agilitätsfallen angeführt werden.

Darüber hinaus stolpern Agilitätsbewegungen immer wieder über dieselben Fallstricke. Sie betreffen verschiedene Fehlinterpretationen, haben aber ein und dieselbe Konsequenz: Sie machen agiles Arbeiten in Reinkultur langfristig unmöglich.

## Agilitätsfallen

### 1) Die Beschleunigungsfalle

»Sie müssen flexibler werden, um auch weiterhin in unsere Unternehmenskultur zu passen«, erklärt der aufstrebende junge Teamleiter seinem Kollegen, der schon im Unternehmen war, als Ersterer noch zur Schule ging. Einfach schneller arbeiten und agiler werden? Weil es eben nicht anders geht? *Nicht jeder Mitarbeiter eines Unternehmens ist dafür geschaffen und auch gewillt, selbstorganisiert zu arbeiten, sich immer wieder auf neue Teamarbeit einzulassen, regelmäßig Entscheidungen zu treffen und sich permanent weiterzuentwickeln und anzupassen.* Wir Menschen sind zwar äußerst anpassungsfähig. Die Mehrheit von uns ist aber nicht von Natur aus agil – im Gegenteil, der Großteil der Menschen ist mit gegenwärtigen Agilitätsbestrebungen überfordert! Oder denken wir an ältere Führungskräfte, die nun im agilen Umfeld arbeiten müssen! Hätten sich womöglich auch viele von ihnen ohne das Korsett traditionell geführter Unternehmen anders entwickelt, verhalten sie sich jetzt doch wie Löwen, die lebenslang eingesperrt waren und sich in der plötzlich gewonnenen Freiheit noch immer wie innerhalb des imaginären Käfigs bewegen. Wir sind demnach nicht nur nicht agil geboren, wir können auch nicht innerhalb kürzester Zeit und auf Zuruf agil werden. Damit ist die unabdingbare Grundlage eines vollkommen agilen Systems, nämlich vollkommen agile Menschen, schlichtweg nicht gegeben. In all den zahlreichen Agilitätsbestrebungen wird immer wieder vergessen, dass ein Unternehmen nur so flexibel wie seine Mitarbeiter sein kann. Das gilt auch für Agilität: Ein Unternehmen kann nur so agil sein wie seine Mitarbeiter.

## 2) Die Machtfalle

Egal ob man in die Führungsetagen von Unternehmen oder in politische Gremien blickt – in viel zu vielen dieser Chefsessel sitzen intelligente Angsthasen. Sie genießen die Schutzmauern, die sie aufbauten und ihnen hierarchische Machtstrukturen bieten. Und diese Führungskräfte sollen jetzt das alte Gemäuer abreißen und den Paradigmenwechsel vorantreiben? Ich halte das für unmöglich. Oder wie erklären wir uns sonst die Tatsache, dass zwar fast jede Führungskraft den Mehrwert agiler Führung kräftig bejaht, hierarchische Führungsstrukturen allerdings noch immer gut etabliert sind, in den vergangenen Jahren sogar wieder zugenommen haben (vgl. Haufe 2017, S. 18)?

Macht regiert – und das wird sie auch weiterhin. Was sich allerdings bereits geändert hat, sind die Insignien der Macht. Vor 20 Jahren waren es die getäfelten Büros mit Panoramablick, die schweren Dienstwagen, die Maßanzüge oder die polierten handgenähten Schuhe, die Macht zum Ausdruck brachten. Heute ist es das souveräne Auftreten in einer digitalisierten Medienwelt, die Coolness, mit Unsicherheit und Volatilität umgehen zu können, die Flexibilität, jederzeit und überall einsatzbereit zu sein, das umfangreiche Netzwerk auf LinkedIn und XING zu nutzen und vor allem die Fähigkeit, agil zu sein oder zumindest so zu scheinen. Jene Menschen, die hier vorne dabei sind, haben Hunderte oder Tausende »friends« oder »follower«, agieren als Influencer und besitzen dadurch Macht – bestenfalls über, ansonsten im System. Wer im System Macht in den Händen hält, lässt diese nur ungern wieder los. *Wir lassen uns blenden von weniger materialistischen Insignien der Macht und vergessen dabei, dass die Machtpyramide die gleiche geblieben ist.*

## 3) Die Flexibilitätsfalle

Haben Sie sich schon einmal über ein nicht funktionierendes Handy geärgert? Über schlechten Empfang, sich zu schnell entleerende Akkus oder Fehlermeldungen, die Sie nicht nachvollziehen können? Dinge wie diese machen aus einem multifunktionalen Mobil Office ein unbrauchbares Stück Technik und bringen mich in meiner Arbeit als Selbstständiger, wenn ich gerade für meine Kunden zu tun habe, an

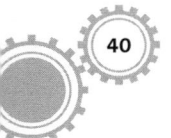

den Rand der Verzweiflung. Um Nutzen aus meinem Handy ziehen zu können, bin ich auf eine stabile Hardware angewiesen. Erst wenn diese funktioniert, kann ich mein Handy über diverse Apps individuell einzusetzen. Stabilität und Flexibilität gehören zusammen – das eine bedingt das andere und in ihrer Kombination machen sie mein Handy zu dem, was ich brauche: ein flexibel einsetzbares Mobil Office.

Ähnlich verhält sich das System Organisation. Unternehmen brauchen ein stabiles Rückgrat, um in ausgewählten Bereichen flexibel reagieren zu können. Fälschlicherweise glauben viele Unternehmen, dass sie entweder stabil ODER flexibel und schnell sein könnten (Wouter et al. 2016). Dieser Meinung bin ich nicht! Im Gegenteil: *Ich bin davon überzeugt, dass erst eine stabile Grundorganisation dem Unternehmen die Möglichkeit gibt, dort flexibel und schnell zu reagieren, wo es notwendig ist.* Diese Erfahrung mache ich auch in meinem Arbeitsalltag: Ich erlebe immer wieder Unternehmen, die bereits durch eine Veränderung in einem Bereich, wie zum Beispiel die Standardisierung des Projektmanagements, ins Wanken geraten. Mitarbeiter sind verunsichert und klammern sich an gewohnte Richtlinien und Prozesse. Führungskräfte befürworten zwar die Veränderungen, sind aber keineswegs gewillt, Verantwortung oder Kontrolle abzugeben. Nur ein geduldiges und schrittweises Vorgehen baut Ängste ab und fördert das Vertrauen in die neuen Arbeitsweisen. Dabei ist es erfolgskritisch, ein bestimmtes Maß funktionierender Strukturen und verinnerlichter Prozesse beizubehalten, selbst wenn diese von außen nicht immer als sinnvoll bewertet werden können. Radikale Veränderungen führen in der Regel zu Verunsicherungen, die einen kulturellen Schaden anrichten, der monetär oft gar nicht zu beziffern ist und dennoch das Unternehmen immens belastet.

Die Bedeutung von Stabilität für den unternehmerischen Erfolg konnte man auch bei Red Bull Salzburg, der bereits vorgestellten Fußballmannschaft, beobachten. Viele Jahre fehlte dieser Mannschaft trotz großartiger junger Einzelspieler die innere Stabilität und sie waren nur mäßig erfolgreich. Insbesondere auf internationalem Parkett blieb der Erfolg aus. Erst seit die Mannschaft ihr Spielsystem gefunden hatte, ging die Erfolgskurve nach oben. Gestärkt durch dieses Fundament waren sie nun plötzlich in der Lage, nicht nur mit Schnelligkeit, Pressing und Geschick auf die individuellen Anforderungen der Gegner zu reagieren. Sie konnten nun auch durch ihre verinnerlichten Automatismen im Zusammenspiel guter Einzelspieler die meisten Gegner in ernste Schwierigkeiten bringen. Voraussetzungen dafür sind die hohe spielerische Reife der einzelnen Spieler und ein stabiles Mannschaftssystem. Erst diese beiden Komponenten verliehen der Mannschaft die Flügel, variabler, flexibler und schneller zu agieren und den regelmäßigen Verkauf wichtiger Spieler zu verkraften.

## 4) Die Generationenfalle

Wir sind in einer Welt groß geworden, in der immer jemand über einem stand, der einem sagte, wo es langging: die Eltern, die Lehrerin, der Lehrherr und später der Vorgesetzte. Wir sind in einer Welt groß geworden, in der uns der Gedanke daran, selbst einmal dieser zu sein, der den Ton angibt, antrieb. Dafür nahmen wir vieles in Kauf: oftmals schwierige Lehrjahre, viele Einbußen wie zu wenig Zeit für Familie, schlechte Gesundheit oder eine unzulängliche Life-Work-Balance. Wir sind geprägt durch das, was uns der Taylorismus mitgegeben hat, und durch das Erfolgsrezept des 20. Jahrhunderts: Höher, schneller, weiter wollten auch wir kommen und waren bereit, dem vieles zu opfern. Wir, das sind die Generation X und die Babyboomer, geboren zwischen 1946 und 1979, die mittlerweile einen Großteil aller Arbeitnehmer und auch Führungskräfte ausmachen. Wir sind nicht nur die volkswirtschaftlich wichtigste Gruppe, sondern sitzen auch in vielen Fällen noch fest in den Chefsesseln. So beträgt das Durchschnittsalter deutscher Vorstandsvorsitzender beispielsweise 58 Jahre (Gwin 2015).

Wir sind aber auch die, die von vielen als die Bremser, Widerständler und Traditionalisten gesehen werden. Warum? Weil wir ganz einfach überfordert sind mit dem Paradigmenwechsel dieser ehrgeizigen Agilitätsbestrebungen. Die Tatsache, dass Fehler plötzlich gut, Abteilungsinteressen verwerflich und Hierarchien ausschließlich bürokratisch sein sollen, kriegen wir einfach nicht ganz auf die Reihe. Dass Grundsätze, die lange Bestand hatten, nicht mehr gelten, lässt uns irgendwie orientierungslos zurück. Veränderungsinitiativen, die uns agile Methoden lehren oder vermitteln, wir mögen doch bitte endlich etwas agiler werden, machen uns im Kopf kein bisschen agiler und

beweglicher. Im Gegenteil, sie verunsichern uns, sie führen zu Angst und blockieren damit unsere Weiterentwicklung.

Besser angepasst haben sich die, die nach uns kamen. Von den »offenen Lebensläufen« der Generation Y spricht der Soziologe Klaus Hurrelmann und meint damit die Individualität und Spontaneität, die junge Generationen ihrer Lebensgestaltung einräumen. »Anything goes« ist für viele die wohl zutreffendste Zukunftsprognose. Für die jungen Generationen ist VUKA Realität – sie philosophieren nicht mehr über potenzielle Bewältigungsstrategien, sondern leben einfach in ihr. Sie sind bereit, sich auf Werkverträge, Projektvorhaben und sogenannte prekäre Arbeitsverhältnisse einzulassen, permanent zu lernen, und haben sich längst von der Vorstellung verabschiedet, Medizin zu studieren und als Oberarzt in Rente zu gehen. Die jungen Generationen haben sich den Realitäten von heute angepasst. Sie sind beinahe so VUKA wie die non monokausale Welt um sie herum (vgl. Würzburger 2016, S. 9 ff.). Allerdings: *Noch sitzen wir in den Chefsesseln. Und wir werden uns hüten, all das auszuhebeln, wofür wir all diese Jahre so hart gearbeitet haben.*

## 5) Die Konfliktfalle

Die Bilder von jungen agilen Menschen, die bei einer Tasse Grüntee im Rahmen ihres Daily Scrum die Vorgehensweise für den nächsten Tag besprechen, sehen immer so wunderbar harmonisch aus. Jeder scheint das zu tun, was er gerne tut und wirklich gut kann, und weiß um die Stärken und die Notwendigkeit des anderen. Diese Bilder spiegeln in vielen Fällen sicherlich den Arbeitsalltag junger agiler Teams. *Trotzdem kommen auch diese Teams bei New Work und agilen Arbeitsmethoden nicht darum herum, sich über den anderen zu ärgern, weil er etwa so detailverliebt ist und damit eigentlich den kompletten Prozess aufhält.* Sie kommen nicht um Typen herum, die es permanent darauf anlegen, zu provozieren, und nicht um jene, denen immer alles recht ist mit ihrer übertriebenen Harmoniebedürftigkeit aber kaum etwas Wertvolles zur Problemlösung einbringen. Kurz: Sie kommen trotz einem agilen Mindset und agiler Arbeitsweisen nicht um zwischenmenschliche Konflikte im Team herum.

Selbstverständlich tragen agile Herangehensweisen dazu bei, Konfliktpotenziale zu verringern, indem sie die menschliche Interaktion in Strukturen bringen und möglichst auf die Sachebene zurückführen. Bei Agilität geht es um Effizienz und um die bestmögliche Befriedigung von Kundenbedürfnissen – dafür werden Störfaktoren und Konflikttreiber wie Hierarchien, Seilschaften, Abteilungsdenken, Eigeninteressen oder Ähnliches (möglichst) aus der Welt geschafft. Dieser Zugang ist prinzipiell gut nachvollziehbar und richtig, löst aber trotzdem keine zwischenmenschlichen Konflikte, keinen Mangel an Vertrauen und verringert keine persönlichen Vorbehalte und Befindlichkeiten oder Ängste. Dafür ist auch ein zweiminütiges Blitzlicht-Slot am Beginn genauso wenig ausreichend wie kostenlose vegane Snacks, unternehmensinterne Fußballturniere oder Brownbag-Vorträge. All diese Bestrebungen tragen dazu bei, eine Kultur im Unternehmen zu schaffen, die von Gleichberechtigung, gegenseitigem Respekt, Vertrauen und Ergebnisorientierung geprägt ist, können aber dem menschlichen Bedürfnis nach Sicherheit oder Orientierung, sowohl meine Position im Unternehmen betreffend als auch im Hinblick auf meine Kompetenz (ich kann das, was ich tue), nur sehr eingeschränkt nachkommen. Was also tun, wenn die Effizienz in der Zusammenarbeit agiler Arbeitskräfte an diesen Dingen leidet und Konflikte eskalieren? Auf alle Fälle nicht überrascht sein und sich dem Trugschluss hingeben, dass agiles Zusammenarbeiten Konflikte autonom lösen würde.

## 6) Die Führungsfalle

Boris Gloger ist erfolgreicher Unternehmer und Buchautor. Er war einer der ersten Certified SCRUM Trainer – ein Pionier in der Szene und noch immer leidenschaftlicher Verfechter der Agilitätsbewegung. Umso mehr traf es ihn persönlich, als sich die Fälle von Mitarbeitern, die sich in seinem Unternehmen überfordert fühlten und deswegen ärztliche Behandlung brauchten, häuften. Konnten seine Mitarbeiter doch selbst darüber entscheiden, was, wie viel und wie lange sie arbeiteten. Er zahlte gute Gehälter und sagte ihnen permanent, wie gut sie waren. Woher also diese Überforderung und diese Unzufriedenheit (vgl. 2017, S. 3)? Heute weiß Gloger, was er damals nicht erkannt hatte: Seine Mitarbeiter konnten mit der Freiheit nicht umgehen und er hatte es versäumt, sie zu führen.

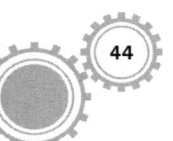

Selbstorganisation ohne Führung ist zum Scheitern verurteilt (Gloger 2017, S. 4). Die Beschleunigungsfalle, wie sie Boris Gloger bei seinen Mitarbeitern erlebte – also Überbelastung, Dauerbelastung, Mehrfachbelastung –, betrifft auch sehr viele Führungskräfte in Zeiten des Wandels. Sie verhindere gezielte Führung von Grund an, so Experten, und sie stelle den häufigsten Grund für ineffiziente Führung dar (Bertelsmann 2018, Min. 14:30). Wie also soll Führung funktionieren, wenn man als Führungskraft selbst nicht mehr wirklich ein noch aus weiß, zudem kaum organisationale Macht besitzt und Bestimmen grundsätzlich uncool ist, weil es zum Agilen Mindset so gar nicht passt? Diese Kombination von Herausforderungen verleitet eine ganze Reihe von Managern zum Schritt in die Passivität und dazu, seine Leute einfach mal machen zu lassen. Auf das Ergebnis zu warten – das dann zumeist nicht rechtzeitig und nicht in der erwarteten Qualität geliefert wird.

*Es ist dieses Führungsdilemma, das viele agile Teams scheitern lässt: Führungskräfte sind gleichermaßen überfordert mit der gewonnenen Freiheit wie ihre Mitarbeiter.* Während Letztere entweder in den Burn-out oder in die Resignation schlittern, wissen Führungskräfte nicht, wie sie führen sollen, wenn sich doch eh alle selbst organisieren. Viele starten mit ein bisschen Nachfragen und Kaffeebringen, bevor sie dann letzten Endes die Reißleine ziehen und in hierarchische Strukturen zurückfallen, um das Projekt noch irgendwie zu retten. Andere starten und scheitern an den Rahmenbedingungen (z. B. von vornherein durch das Management festgelegte unflexible Zielvorgaben). Das Ergebnis? Umfragewerte, die behaupten, dass Agilität im Unternehmen immer noch an den Menschen und nicht an den Strukturen und Prozessen scheitert (vgl. Haufe 2017, S. 29). Und Unternehmen, die sich beim Eintritt in die neue Arbeitswelt dermaßen die Finger verbrennen, dass sie danach konservativer und traditioneller sind als jemals zuvor. Um das zu verhindern, ist das Thema Führung essenziell. Wie allerdings dies in einem digitalen Zeitalter mit agilen Formen der Zusammenarbeit aussehen soll, darüber herrscht noch kein einheitliches Bild. Das ist womöglich auch ein Grund dafür, warum nur 6 % der Unternehmen bereits erfolgreich in agilen Strukturen arbeiten (Bertelsmann Stiftung 2018, Min. 04:00).

## 7) Die Fragilitätsfalle

Krankheitsbedinge Fehltage am Arbeitsplatz sind seit Jahren im Steigen begriffen. Hauptverantwortlich dafür sind seit dem Jahr 2017 erstmals die psychischen Erkrankungen. Die Auswirkungen der Digitalisierung verstärken diesen Trend – knapp ein Drittel der Befragten des BKK Gesundheitsreports spüren die durch die Digitalisierung vorangetriebenen Trends (zum Beispiel durch die Beantwortung von geschäftlichen E-Mails oder Telefonaten in der Freizeit) als stärkere Belastung für ihre psychische Gesundheit (Knieps, Pfaff 2017, S. 16f.).

*Wir Menschen sind fragile Wesen.* Uns imponieren wohl seit Kindesbeinen an die Superkräfte von Terminator, Batman, Superman und Co und wir wünschen uns womöglich ab und zu einen Zaubertrank von Miraculix, insbesondere in jenen Zeiten, in denen uns Dinge wieder einmal über den Kopf wachsen. Genau das passierte in den vergangenen Jahren im Rahmen zahlreicher ehrgeiziger Agilitätsbewegungen sehr häufig: Beinahe 30 % aller Krankheitsfälle sind auf psychische Belastungen zurückzuführen – mit steigender Tendenz, so Experten. Und diese stellen auch den Zusammenhang zum Wandel her: »Einen Grund dafür sehen wir im starken Umbruch in der Arbeitswelt« (Steck 2018). Dieser Umbruch überfordert, überlässt Mitarbeiter orientierungslos sich selbst und bereitet in manchen Fällen sogar existenzielle Ängste. *Die Sicherheit und Stabilität dieser Menschen gründeten nämlich seit Jahrzehnten auf jenen Dingen, die Transformationsprozesse jetzt abschaffen: Hierarchien, Zuständigkeiten, Strukturen, Prozesse.* All das ein für alle Mal für ungültig zu erklären hinterlässt genau jene Wüste an Orientierungslosigkeit und Angst, die wir in so vielen Unternehmen wahrnehmen können.

Wir wären ein »Human Being« und kein »Human Doing«, sagte Samuel Koch, jener Sportler, der sich bei einem Fernsehauftritt so verletzte, dass er seitdem querschnittgelähmt ist (Brandsch 2017). Und damit hat er absolut recht: Der Mensch ist nicht nur »Homo oeconomicus«, sondern in erster Linie ein Konstrukt aus Stärken und Schwächen, Gefühlen und Bedürfnissen. Wie sich diese Tatsache mit der auf Effizienz getrimmten, kapitalorientierten Denke der Agility-Bewegung vereinbaren lässt, ist vielleicht für manche Überflieger und Rulebreaker klar, für mich ergeben sich da aber noch ein paar große Fragezeichen.

## 8) Die Zugehörigkeitsfalle

»Eigentlich habe ich keinen Job mehr«, sagte Hollie Delaney, eine ehemalige Führungskraft des Online-Handelshauses Zappos. Zappos erlangte in den vergangenen Jahren nicht nur wegen seiner starken Umsatzzahlen und seines charismatischen CEO Tony Hsieh jede Menge Gehör, sondern vor allem wegen der Umstellung seiner Unternehmensorganisation auf »Holocracy«. Holocracy ist eine Organisationsform, die Macht und Entscheidung entlang sogenannter »circles« oder Gremien organisiert und sich zum Ziel setzt, Arbeit streng aufgabenorientiert zu organisieren, Mitarbeitern ein Höchstmaß an Selbstbestimmung und Einfluss zuzugestehen und damit die Macht im Unternehmen zu verteilen. Der Gründer von Holocracy, Brian Robertson, bedient sich dabei wesentlicher Ansätze aus der Soziokratie und dem agilen Arbeiten und treibt sie auf die Spitze – Agilität in höchster Form sozusagen.

*Ehrgeizige Agilitätsbestrebungen ignorieren ein ganz wesentliches Grundbedürfnis von Menschen: Zugehörigkeit.* Wir Menschen werden ohne die Fähigkeit, uns selbst zu ernähren, geboren. Wir sind von der ersten Minute unseres Lebens auf die Zugehörigkeit zu anderen Menschen angewiesen. Wird dieses Grundbedürfnis nicht erfüllt, reagiert unser Körper darauf – auch noch im Erwachsenenalter, in dieser Lebensphase allerdings nicht mehr mit Gebrüll, sondern mit einer deutlich verminderten Leistungsfähigkeit. Wie Studien zeigen ist der Verlust von Zugehörigkeit keinesfalls als lapidar abzutun. Nicht umsonst verwendet unser Gehirn dieselben neuronalen Netzwerke, um den Verlust von Verbundenheit und körperlichen Schmerz zu verarbeiten (vgl. Purps-Pardigol 2015, S. 57f. und 70f.). Ein gebrochenes Herz kann einen Menschen damit gleichermaßen außer Gefecht setzen wie ein gebrochenes Bein.

Vollkommen agile Systeme werden diesem Grundbedürfnis nicht gerecht. Im Gegenteil: Selbstorganisiertes Arbeiten, der Wegfall von Hierarchien und völlig neue Arbeitsweisen bringen vorerst nicht ein

Mehr an Freiheit, sondern in vielen Fällen Stress und Überforderung. Mitarbeiter wie Hollie Delaney sind verunsichert über das, was auf sie zukommen wird. *Ihre Angst, zu versagen und den Job, Status oder Macht zu verlieren, äußert sich in vielen Fällen in Hilflosigkeit, Frustration oder Widerstand,* der bis zur Depression führen kann.

## 9) Die Reifefalle

Noch nie war Persönlichkeit so maßgeblich wie heute!! *Wenn die Verantwortung des Einzelnen steigt und Anweisungen und Kontrolle durch Vorgesetzte verschwinden, entsteht ein Vakuum, das nur durch Eigenverantwortung gefüllt werden kann.* Diese Eigenverantwortung meint nicht nur eine Verantwortung sich selbst und seinen Leistungen gegenüber, sondern auch Verantwortungsübernahme hinsichtlich des Unternehmens (z. B. die Ziele des Unternehmens loyal zu verfolgen, die Unternehmenswerte einzuhalten, Vereinbarungen ohne Ausnahme zu halten, selbst wenn keine Kontrolle gegeben ist).

Agiles Arbeiten bringt Freiheiten, stellt aber auch hohe Anforderungen: Engagement, Verantwortlichkeit, Kritikfähigkeit, Reflexionsvermögen – diese Fähigkeiten sind herausfordernd und nicht jedermanns Sache. Vor allem aber sind diese Fähigkeiten ein Produkt persönlicher Reife. Nur reife Persönlichkeiten können reif und damit agil handeln. Bin ich mir meiner Neigungen und Stärken gar nicht wirklich bewusst, kenne ich meine blinden Flecken nicht und kann ich mein Verhalten nicht willentlich steuern, werde ich nicht erfolgreich agil arbeiten können. Bin ich nicht in der Lage, Kritik demütig anzunehmen, Kommunikation professionell zu leben und vertrauensvoll zu agieren, werde ich auch in agilen Teams scheitern. Ist mein Führungsverhalten nicht von Werten, Vertrauen und dem Bestreben, der Sache und den Mitarbeitern zu dienen, geprägt, sondern von Machtansprüchen und persönlichem Vorankommen getrieben, werde ich jegliche Agilität zu Fall bringen. Daraus ergibt sich für mich die so wichtige und zumeist übersehene Schlussfolgerung: *Agilität setzt persönliche Reife und Stabilität voraus! Daher sind Menschen individuell und Teams bzw. Organisationen im Kollektiv gut beraten, dort anzusetzen, bevor umfangreiche Agilitätsbestrebungen initiiert werden.*

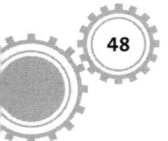

# Literatur

Bertelsmann Stiftung (2018): Camp Q. Vortrag von Prof. Heike Bruch. Treiber und Killer guter Führung im digitalen Zeitalter. You Tube, Web. 25.05.2018, Aufgerufen am 11.08.2018, https://www.youtube.com/watch?v=xB_td0ioEWI

Brandsch, Franziska; Wacker, Felix (2017): »Nachgefragt bei Samuel Koch«. Aufgerufen am 10.08.2018. http://fudder.de/was-ging-bei-nachgefragt-mit-samuel-koch–145495617.html

Gloger, Boris; Rösner, Dieter (2017): Selbstorganisation braucht Führung. Die einfachen Geheimnisse Agilen Managements. Hanser Verlag, München.

Gwin, Bonnie (2015): Four Boardroom Trends to watch. Aufgerufen am 20.10.18. https://www.heidrick.com/Knowledge-Center/Publication/Board-Monitor-Survey-2015

Haufe GmbH (2017): Agilitätsbarometer 2017. So agil sind Unternehmen in D/A/CH. In: Personalmagazin Sonderausgabe 2017. Aufgerufen am 08.08.2018. https://zeitschriften.haufe.de/Downloads/Personal/Agilitaetsbarometer2017.pdf

Highsmith, Jim Robert (2009): Agile Project Management. Creating Innovative Products. Addison Wesley Professional, Boston.

Knieps F.; Pfaff, H. (Hrsg.) (2017): Digitale Arbeit – Digitale Gesundheit. BKK Gesundheitsreport 2017. Aufgerufen am 27.09.2018, https://www.bkk-dachverband.de/publikationen/bkk-gesundheitsreport/

Purps-Pardigol, Sebastian (2015): Führen mit Hirn. Mitarbeiter begeistern, Unternehmenserfolg steigern. Campus, Frankfurt.

Steck, Albert (2018): Stress bei der Arbeit. Zahl der psychischen Erkrankungen ist um ein Drittel gestiegen. In: NZZ am Sonntag, 21.04.2018, Aufgerufen am 10.08.2018, https://nzzas.nzz.ch/wirtschaft/stress-bei-arbeit-zahl-psychischen-erkrankungen-ist-um-drittel-gestiegen-ld.1379549

Wouter, Aghina, et al. (2016): Agility. It rhymes with stability. In: McKinsey Quarterly 12/16. Aufgerufen am 14.03.18, https://www.mckinsey.com/~/media/McKinsey/Business%20Functions/Organization/Our%20Insights/Agility%20it%20rhymes%20with%20stability/Agility%20It%20rhymes%20with%20stability.ashx

Würzburger, Thomas (2016): Key Skills für die Generation Y. Die wichtigsten Tipps für eine erfüllte Karriere. Springer Gabler, Wiesbaden.

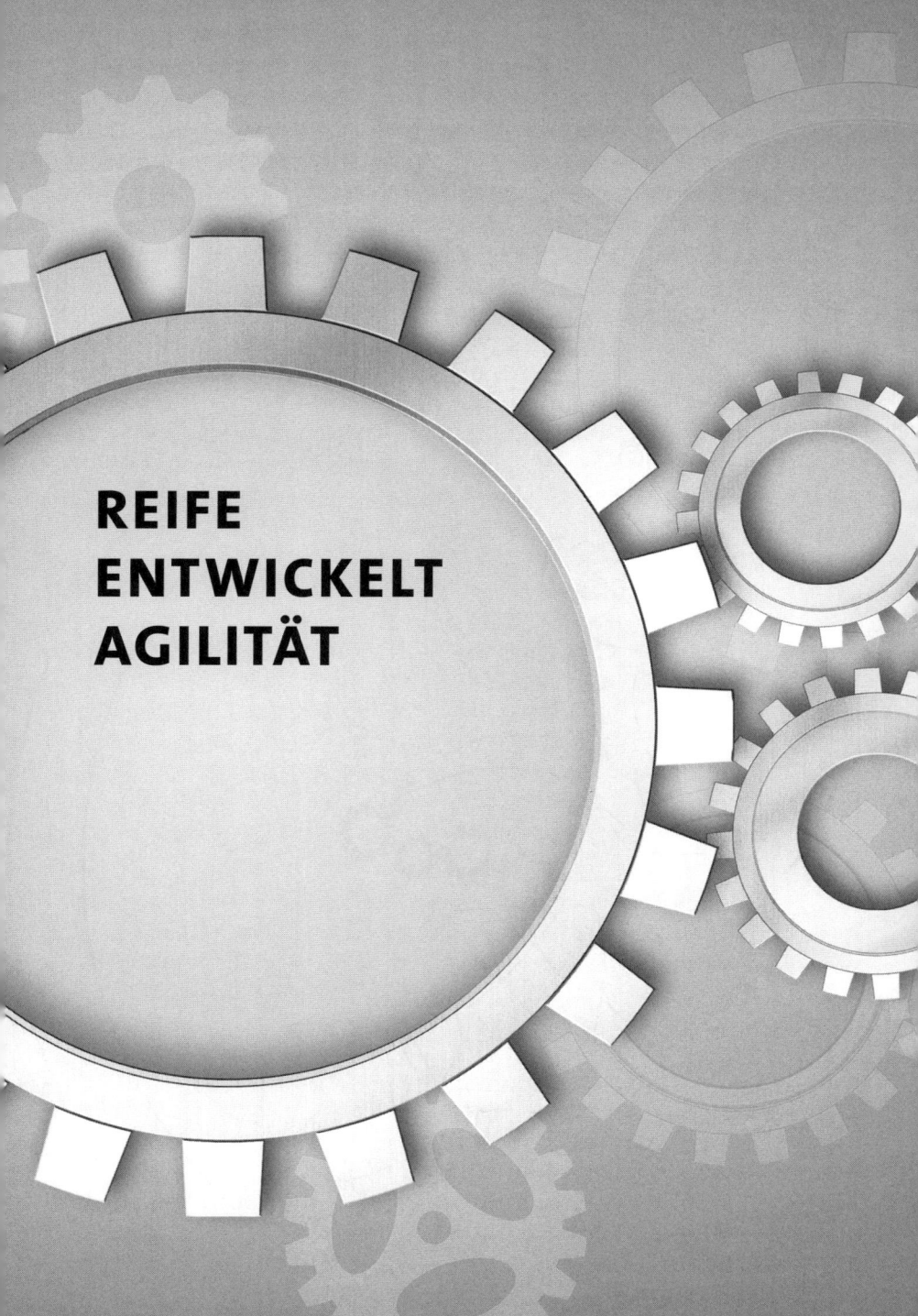

REIFE
ENTWICKELT
AGILITÄT

Es war immer dasselbe Spiel: Wo auch immer ich auftrat oder zu arbeiten begann, gelangte ich über kurz oder lang in eine führende Position. Egal ob es die Sandkiste war, in der mich meine großteils körperliche Überlegenheit und mein Durchsetzungsvermögen zum Chef machte. Oder meine Funktionen als Klassen- oder Schulsprecher und danach als Studentenvertreter, die mir viel Gehör verschafften. Später als Rekrut machte ich mich durch gezielte Provokation zum Rädelsführer unseres Zugs.

Damit aber nicht genug. Gleichermaßen konsequent wie ich es zum Chef oder zumindest zum Wortführer in unterschiedlichen Situationen schaffte, so manövrierte ich mich auch immer wieder in einen Konflikt mit meinen Vorgesetzten: Eltern, Lehrer, Erziehungspersonal oder Professoren zu Schul- und Studienzeiten, hierarchisch Vorgesetzte in meinem späteren Berufsleben. Mit meiner direkten, offenen und zumeist provokanten Art trat ich vielen auf den Schlips. Selbstverständlich wirkte sich mein Verhalten in den meisten Fällen zu meinem eigenen Nachteil aus – in hierarchisch organisierten Unternehmen war natürlich ich derjenige, der den Kürzeren zog. Trotzdem schien ich davon unbeeindruckt und war für lange Zeit diesbezüglich unbelehrbar. Rückblickend muss ich sogar feststellen, dass es gerade diese Konflikte waren, die mich in meinem Verhalten bestätigten, weil sie mir das Gefühl gaben, in meiner Rolle besonders konsequent zu sein.

Diese Dynamik wiederholte sich so lange, bis ich in Bayern ein Coaching begann. Mein Coach war ein Mann mit viel Erfahrung, der – so erkannte ich später – sofort die richtigen Fragen stellte. Er fragte mich nach meiner Kindheit, der Beziehung zu meinen Eltern und Geschwistern und unserem Familienleben. Zu Beginn irritierten mich diese Fragen – war ich doch in einer gutbürgerlichen, behüteten Familie aufgewachsen. Was sollte das mit meinem Problem mit Vorgesetzten zu tun haben? Nach einigen Sitzungen aber erkannte ich mein Muster, das mir immer wieder zum Verhängnis wurde: Ich hatte unbewusst ein Muster meines Vaters übernommen. Mein Vater war ein angesehener, erfolgreicher Mann, der neben vielen Befürwortern auch viele Widersacher hatte. Schon als kleiner Junge bewunderte ich sein selbstbewusstes Auftreten: Er vertrat seine Meinung stets konsequent und scheute dabei auch keinerlei Konflikt. Dieses vorgelebte Verhalten hatte ich unbewusst als Leitprinzip für mein Leben übernommen und es führte sogar in meinem Fall so weit, dass ich den Konflikt provozierte, um diese Anerkennung zu bekommen.

Immer wieder frage ich mich, wie mein Leben verlaufen wäre, hätte ich dieses Coaching nie begonnen. Mit hoher Wahrscheinlichkeit hätte ich mir noch viele weitere Gegner gemacht und viel unnötige Energie und Nerven in Konflikte investiert. Erst dieses Coaching nämlich ließ mich erkennen, was mir bis dahin verborgen war: die Unreife meines Verhaltens. Das, was ich damals als Selbstvertrauen, Mut und Konsequenz interpretierte, war in Wirklichkeit ein Mangel an Einfühlungsvermögen, eine Unzulänglichkeit, in Konflikten auf der Sachebene zu verweilen, eine hohe Emotionalität und eine Unfähigkeit, mit anderen bei Meinungsverschiedenheiten in wohlwollendem Kontakt zu bleiben. Die Entwicklung meiner Persönlichkeit steckte damals noch in einem Stadium ausgeprägter Unreife, das sich in meinem Verhalten widerspiegelte (vgl. Würzburger 2016, S. 74 ff.).

Was ich damals noch nicht erkannte, war der Zusammenhang zwischen dem Status meiner Persönlichkeit und meinem Handeln. Erst als ich mir meiner Stärken und Schwächen wirklich bewusst war, nahm meine berufliche Laufbahn erfolgreich und konfliktfrei Gestalt an. Erst als ich meine eigenen Bedürfnisse und Grenzen wahrnahm, konnte ich selbstbestimmt arbeiten und auch anderen diese Bedürfnisse und Grenzen zugestehen. Erst als ich in der Lage war, meine Gefühle zwar zu berücksichtigen, mich aber nicht von ihnen überwältigen zu lassen, waren funktionierende Beziehungen möglich. Meine ganze Geschichte wäre anders verlaufen, hätte ich nie erkannt, dass ich zuallererst an mir selbst arbeiten musste, um im beruflichen Kontext authentisch und souverän agieren zu können. »Nichts ändert sich, bis du dich selbst änderst, und dann ändert sich alles«, so lautet das Resümee von Bodo Janssen, dem Geschäftsführer der Hotelkette Upstalboom, der nach einem ernüchternden Feedback seiner Mitarbeiter sein Unternehmen umkrempeln wollte und erkannte, dass er die Veränderung bei sich selbst starten musste (Janssen, Grün 2017). Und genau das lehrte auch mich das Leben.

## Agiles Handeln ist reifes Handeln

*Agiles Handeln ist reifes Handeln.* Das wird allerdings erst dann offensichtlich, wenn man hinter die Kulissen dieses Hype-Worts blickt: wenn man erkennt, dass Agilität einem mehr abfordert als Jeans, Turnschuhe und die Bereitschaft, auch mal im Strandcafe zu arbeiten, und man sich eingesteht, dass agile Arbeitsweisen mehr bedeuten als Post-its-Kleben am Gang oder ein Daily Scrum in der Cafeteria. Agiles Arbeiten erfordert mehr als ein Verständnis oder das Beherrschen bestimmten Methoden. Agiles Arbeiten verlangt dem Einzelnen eine ganze Reihe von Fähigkeiten ab:

- **Agiles Arbeiten verlangt Verantwortung gegenüber dem Unternehmen:** Das komplette System der Selbstorganisation fußt auf dem Grundsatz, dass Mitarbeiter bereit sind, unternehmerische Verantwortung zu tragen. Das bringt jede Menge Gestaltungsfreiheit, allerdings auch die Pflichten, unternehmerische Ziele vor seine eigenen zu stellen, sie konsequent zu verfolgen und sich dem Dienst des Unternehmens zu widmen.

- **Agiles Arbeiten verlangt Motivation und Engagement:** Nur allzu gerne zitieren wir die Erfolgsstories agiler Unternehmen wie jene von Google, die ihren Mitarbeitern Freiräume schaffen, um unabhängig von anstehenden To-dos und laufenden Projekten, Inhalten nachgehen zu können, die Mitarbeiter wirklich interessiert, wofür sie sich leidenschaftlich einsetzen. Dabei werden wir auch nicht müde, zu erwähnen, dass einige von Googles erfolgreichsten Produkten ihren Ursprung in dieser Zeit fanden. Diesen Rahmen zu schaffen, um Kreativität und Innovation möglich zu machen, ist die Pflicht des Unternehmers. Demgegenüber steht allerdings die Pflicht des Arbeitnehmers, motiviert und engagiert zu sein. Und das, so wissen wir wohl alle aus eigener Erfahrung, ist nicht immer ein Heimspiel. Dafür muss man wissen, was man wirklich gerne macht und darüber hinaus auch gut kann. Und damit es dann auch noch dem Unternehmen dienlich sein kann – übrigens eine Bedingung für die Inhalte, die Google-Mitarbeiter in ihrer 20 %-Zeit erfüllen müssen –, muss ich mich mit dem Unternehmen identifizieren, auseinandersetzen und Leidenschaft dafür entwickeln. Sie betrachten das als eine Selbstverständlichkeit? Die Realität sieht anders aus: Fast drei Viertel der deutschen Arbeitnehmer sind ohne jegliche Leidenschaft und verspüren nach eigenen Angaben eine geringe emotionale Bindung zu ihrem Arbeitgeber (Gallup Engagement Index 2016).

- **Agiles Arbeiten verlangt Umsetzungskompetenz und Durchhaltevermögen:** Wie in vorangegangen Kapiteln erklärt, ist Agilität ein Mittel, die Effizienz in Unternehmen zu erhöhen. Sie soll uns dabei unterstützen, die »Dinge richtig zu tun«, also Ziele mit angemessenem Mitteleinsatz zu erreichen. Absolut keine triviale Aufgabe, die neben der Einschätzung seiner persönlichen Wirksamkeit (was kann ich gut oder weniger gut?) auch Willenskraft und Durchhaltevermögen fordert, wollen wir dem Zweck von Agilität, Ziele zu erreichen, nachkommen.

- **Agiles Arbeiten verlangt Kommunikationsfähigkeit:** Das Agile Mindset bestätigt, was die bewährte Teamregel 1+1+1=4 schon immer auszudrücken versuchte: Wirklich gute Leistung erbringen wir langfristig nur im Miteinander, das wiederum nur dann funktionieren kann, wenn die Kommunikation stimmt. Kommunikation ist das, was uns verbindet, kann aber auch das sein, was uns trennt. »Wir können nicht nicht kommunizieren«, sagte bereits Watzlawick und forderte uns auf, es sodann professionell zu tun (Watzlawick 1967). Dass auch das kein Selbstläufer ist, zeigt uns die stetig wachsende Branche der Kommunikationstrainer, die Fülle der Kommunikationsratgeber, aber auch unsere ganz persönliche Unzulänglichkeit in der Kommunikation mit dem Ehepartner, dem Arbeitskollegen oder dem pubertierenden Jugendlichen. Kommunikation wird insbesondere dann erfolgskritisch, wenn das Miteinander nicht mehr durch Hierarchien oder vorgegebene Strukturen und Prozesse geregelt ist. Dann müssen wir nämlich wirklich miteinander reden, uns austauschen, Dinge vereinbaren, uns gegenseitig reflektieren, ermutigen und kritisieren. Je demokratischer und selbstgesteuerter ein Unternehmen funktioniert, desto wesentlicher wird die Kommunikation. Dessen wurde sich auch Brian Robertson, der Begründer von Holacracy, bewusst, als er sein Holacracy-System aufbaute. Holocracy gründet auf sehr ausgeklügelten und streng reglementierten Kommunikations- und Entscheidungsstrukturen, die weit über das hinausgehen, was wir aus traditionell geführten Unternehmen kennen. Für mich ein weiterer Beweis dafür, dass die Bedeutung von Kommunikation zunimmt, je weniger Hierarchien oder Prozesse den Rahmen des Miteinanders vorgeben. Folglich sind agile Strukturen ohne professionelle Kommunikation schlicht-weg zum Scheitern verurteilt.

- **Agiles Arbeiten verlangt Reflexionsvermögen und Kritikfähig-keit**: Auf der Fähigkeit, Ergebnisse zu reflektieren, fußt jegliches agile Arbeiten. Anstatt lineare Prozesse zu verfolgen, meint agi-les Arbeiten eine Arbeit in iterativen Schleifen, die dazu da sind, (Zwischen-)Ergebnisse permanent zu testen, zu reflektieren und zu verbessern. Während man diese Prämisse zu Beginn der Agilitäts-bewegung ausschließlich auf Arbeitsweisen und Arbeitsergebnisse bezogen hat, wenden jüngste Bewegungen in Richtung Agile Work-force diese auch auf die Arbeitenden selbst an. Da Unternehmen immer nur so beweglich sein können wie ihre Mitarbeiter, *rückt der Fokus jüngster Agilitätsbestrebungen* von den Produkten, Dienstleistungen und Arbeitsweisen *immer mehr auf den agilen Menschen. Damit dieser agil werden und bleiben kann, muss auch er bereit und fähig sein, sein eigenes Verhalten zu reflek-tieren*, Kritikfähigkeit beweisen *und* letzten Endes gewillt sein, *sich selbst zu führen*. Darüber hinaus setzt dies eine Begegnung auf Augenhöhe voraus: Nur wenn ich in der Lage bin, Kritik so zu formulieren, dass sie meinem Gesprächspartner dienlich und für ihn annehmbar ist, kann Feedback konstruktiv sein und zur persön-lichen Weiterentwicklung beitragen.

- **Agiles Arbeiten verlangt ehrliche gegenseitige Wertschätzung.** Agiles Arbeiten meint nie isoliertes Arbeiten, sondern immer ech-te Zusammenarbeit im Team. Gegenseitige Wertschätzung ist die Grundlage dafür, dass das funktionieren kann. Meinem Gegenüber ehrliche Wertschätzung gewähren kann ich allerdings nur dann, wenn ich meine eigenen Stärken und Schwächen erkannt habe. Ich selbst erlebte dieses Phänomen in meinem beruflichen Werdegang: Als einer, der tendenziell visionär und global ausgerichtet ist, hatte ich immer wieder Probleme mit Kollegen, die sehr detailverhaft waren. Erst als ich in einer Stresssituation erkannte, dass es genau diese Eigenschaft meines Gegenübers war, die meine Schwäche kompensierte und letzten Endes die Situation rettete, erkannte ich den Nutzen einer heterogenen Teamzusammensetzung. Von diesem Moment an war ich in der Lage, Kollegen, deren Arbeitsweise mich einmal aufregte, ehrliche Wertschätzung entgegenzubringen.

- **Agiles Arbeiten setzt Beziehungsfähigkeit voraus:** Agiles Arbeiten setzt auf Zusammenarbeit, Austausch und gegenseitiges Voranbringen. Primäre Voraussetzungen, um all dies zu gewährleisten, sind beziehungsfähige Menschen. Schaffe ich es nicht, anderen auf Augenhöhe zu begegnen, ist Kollaboration von Beginn an schwierig. Ist meine Kommunikation davon geprägt, ständig mit jedem im Wettbewerb zu stehen und andere von meinem eigenen Standpunkt zu überzeugen, tritt die Problemlösung in den Hintergrund. Die Zusammenarbeit wird massiv erschwert. Innerhalb des Teams würden sich Koalitionen, Ungleichgewichte und letzten Endes wieder Hierarchien bilden, die ganz bestimmt nicht das beste Ergebnis hervorbringen. Kann ich andere Meinungen und Unstimmigkeiten nicht ertragen und reagiere darauf mit polemischer Besserwisserei, Attacken, Rückzug oder sogar Beziehungsabbruch, sind Zusammenarbeit und organisatorisches Lernen gleichermaßen unmöglich. Beziehungsfähigkeit ist die Voraussetzung dafür, dass agiles Arbeiten funktioniert, ist agiles Arbeiten doch niemals eine Einzelleistung.

## Agiles Handeln setzt eine reife Persönlichkeit voraus

Wie geht es Ihnen, wenn Sie von diesen Anforderungen lesen? Können Sie da guten Gewissens alle Fähigkeiten für sich beanspruchen? Wie Sie aus eingangs vorgestellter Geschichte entnehmen können, wurden mir diese Fähigkeiten absolut nicht in die Wiege gelegt. Manche von ihnen musste ich mir nach leidvollen Erfahrungen mühsam erarbeiten, andere weiterzuentwickeln ging mir leichter von der Hand und bei wieder anderen habe ich noch viel Entwicklungsarbeit vor mir. So bin ich wohl selbst ein sehr gutes Beispiel dafür, dass eine gereifte Persönlichkeit, als die ich mich heute bezeichnen möchte, durchaus keine glattpolierte, makellose Persönlichkeit ist. Würden Sie meine Frau dazu befragen, würde sie Ihnen diese These umgehend bestätigen und wohl jede Menge meiner Ecken und Kanten, Unvollkommenheiten und Einseitigkeiten darlegen können. Sie fordern mich immer wieder heraus und sind mir ein permanenter Hinweis dafür, wo ich in meiner Entwicklung anzusetzen habe. Geht es nach Härry, dann war es genau diese Bereitschaft, dem Ruf der Veränderung zu folgen, die mich zu einer gereiften Persönlichkeit werden ließ: »Was Sie (als Persönlichkeit) ausmacht, ist nicht, dass Sie perfekt sind und alles im Griff haben. An einer Stelle aber schauen Sie gut hin und stellen sich dem Ruf der Veränderung, dort, wo sich problematische Wesenszüge und Verhaltensweisen zeigen. Lange Schatten. Muster, mit denen Sie anderen, sich selbst und Ihren Aufgaben schaden« (2018, S. 9).

Ich glaube an einen Zusammenhang zwischen der Reife einer Persönlichkeit und der Reife ihres Handelns. Ich glaube, dass unser Sein unser Tun beeinflusst. Im Kontext der Agilität ist das Tun, also das agile Handeln, keine Variable. Agiles Handeln ist mehr oder weniger klar definiert: Wir müssen beweglich, flexibel, anpassungsfähig, teamfähig, ergebnisorientiert, reflexionsfähig und noch vieles mehr sein. Wenden wir nun den Umkehrschluss der Aussage, dass unser Sein unser Tun beeinflusst, auf den Kontext der Agilität an, dann müssen wir feststellen, dass unser Tun von unserem Sein abhängig ist. Wir können also nur agil sein, wenn auch das Sein stimmt. Und dieses Sein ist im Kontext jener Agilität, welche die höchst dynamische VUKA-Umwelt von uns fordert, für mich persönlich ganz klar eine gereifte Persönlichkeit. *Nur eine stabile, souveräne Persönlichkeit kann die Verantwortung übernehmen, die Agilität fordert, die Umsetzungsstärke und das Durchhaltevermögen aufbringen, das agiles Arbeiten mit sich bringt, und die Kritikfähigkeit und das Reflexionsvermögen haben, das von einem agilen Menschen verlangt wird.*

Sie bemerken vielleicht, dass es sich bei den geforderten Fähigkeiten eigentlich nie um technische oder handwerkliche Fähigkeiten noch um Management Skills handelt. Genauso wenig ist unser Persönlichkeitstyp dafür ausschlaggebend, ob wir verantwortungsbewusst, integer oder vertrauenswürdig sind. Eine gereifte Persönlichkeit wird in diesem Buch als ein STABILES ICH verstanden (vgl. Würzburger Kompetenzmodell, Abb. 4). Dabei handelt es sich um eine Persönlichkeit, die in der Lage ist, sich selbst mit ihren Stärken und Schwächen gut einzuschätzen, die ihre Gefühle ernst nimmt, sich aber nicht von ihnen überwältigen lässt, und mit einer inneren Motivation ihre Leistung erbringt. Diese mit dieser Persönlichkeit einhergehenden Eigenschaften durchdringen das Denken, Fühlen und Handeln dieser Person. Ein STABILES ICH ist ein innerlich gefestigter Mensch, der sich verantwortungsvoll dem Leben und seinen Aufgaben stellt. Er ist fähig, Beziehungen zu anderen Menschen förderlich zu gestalten, und wird von außen als authentisch und souverän wahrgenommen.

## Literatur

Gallup Inc (2017): Engagement Index 2016. Pressemitteilung. Aufgerufen am 10.07.2018, https://www.gallup.de/183104/engagement-index-deutschland.aspx

Watzlawick, Paul; Beavin, Janet; Jackson, Don (1967): Menschliche Kommunikation: Formen, Störungen, Paradoxien, Frankfurt

Härry, Thomas (2018): Die Kunst des reifen Handelns. SCM, Witten.

Würzburger, Thomas (2016): Key Skills für die Generation Y. Die wichtigsten Tipps für eine erfüllte Karriere. Springer Gabler, Wiesbaden.

Janssen, Bodo; Grün, Anselm (2017): Stark in stürmischen Zeiten. Die Kunst sich selbst und andere zu führen. Ariston, München.

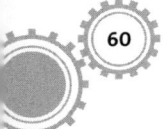

# DER WEG
# ZUM AGILEN
# MENSCHEN

*Wir müssen lernen – und das ist das große Gebot unserer Zeit wieder Persönlichkeiten zu werden. Das lernt man im Verkehr mit der Welt, aber noch besser im Verkehr mit sich selbst.*

Peter Rosegger

Wonach streben Sie in Ihrem Berufsleben? Streben Sie überhaupt wonach? Oder lassen Sie sich treiben von der steifen Brise unserer Leistungsgesellschaft? Halten Sie es wie viele meiner Generation und schuften hart für einen guten Posten mit gesichertem Einkommen, das entspannte Rentnerjahre garantieren soll? Oder teilen Sie die Ansicht vieler Vertreter junger Generationen, die sich für Glück statt Geld entschieden haben und lieber einmal ein Sabbatical nehmen, anstatt in ein Führungskräfte-Trainee-Programm einzusteigen?

Beide Zugänge haben ihr Für und Wider: Während uns der Leistungsgedanke meiner und insbesondere früherer Generationen wirtschaftlichen Aufschwung, Wohlstand und Sicherheit brachte, fordern junge Generationen Nachhaltigkeit und mehr Kooperation. Was uns Generationen allerdings vereint, ist das Versäumnis, zuallererst an unserer Persönlichkeit zu arbeiten, bevor wir Großes schaffen, viel Lebenserfahrung gewinnen oder einfach nur Spaß haben möchten. Das Ergebnis ist nicht nur eine Gesellschaft, die von Opportunisten, sondern auch von charakterlich labilen Menschen, nicht funktionierenden Beziehungen und einer enormen Zunahme psychisch Erkrankter geprägt ist. Der Jugendpsychiater Michael Winterhoff geht sogar so weit zu sagen, »dass ein großer Teil unserer Gesellschaft aus unerwachsenen Volljährigen besteht« (Winterhoff 2015, S. 172). Geht es nach Winterhoff, sind wir in unserer Gesellschaft mit viel zu vielen erwachsenen Menschen konfrontiert, für die der Schein mehr gilt als das Sein, die versuchen, Entscheidungen zu vermeiden, und sich am liebsten nie festlegen würden, keine eigene Haltung haben und sich deshalb im Mainstream am wohlsten fühlen, die keinerlei Durchhaltevermögen aufweisen, keinerlei Orientierung haben, der kurzfristigen

Erfüllung ihrer Wünsche hinterherlaufen und keine Verantwortung übernehmen wollen und können (vgl. Härry 2018, S. 43).

Genau dieses Bild nehme auch ich wahr – und zwar nicht nur bei jungen Erwachsenen, sondern auch – und das ist noch bedrohlicher – bei vielen Führungskräften und Machthabern unserer Welt. *Wir sind umgeben von intelligenten Angsthasen:* Sie hegen und pflegen eine ausgeprägte Fehlerkultur, weil sie selbst Angst vor dem Scheitern haben, die Optimierung ihres Bonus ist ihnen wesentlich wichtiger als die Nachhaltigkeit ihres Wirkens, ihre Visionen beschränken sich auf KPIs und Prozentpunkte des Umsatzwachstums, sie wollen geliebt und anerkannt werden und vermeiden zugunsten dessen notwendige Korrekturmaßnahmen. Sie sind ohne Ecken und Kanten – ihre Persönlichkeiten verlieren sich im Mainstream, sie haben ihre wohlerworbenen Rechte und künftigen Rentenansprüche im Blick, und sofern sie nichts Großes verbrochen haben, bleiben sie uns nicht in Erinnerung. Wenn ich heute mit Führungskräften zu tun habe, muss ich öfters innehalten und an so manchen meiner ehemaligen Vorgesetzten denken. Pikant war etwa die Zusammenarbeit mit einem ehemaligen Vorstand, der sich jede Entscheidung mehrmals absichern ließ um nur ja unangreifbar zu sein. Wenn dann doch etwas schieflief, fand er sofort die »Schuld« bei einem seiner Mitarbeiter. Für mich einfach unvorstellbar, dass Führungskräfte dieser Art plötzlich auf agil und Vertrauensarbeit umschalten können.

Das Problem dieser Menschen ist nicht eine geringe Motivation, Leistung zu bringen – sie arbeiten rund um die Uhr und opfern vieles für Ihre Karriere. Ihr Problem sind Ängste um Machtverlust und Anerkennungsdefizite. Sie sind fragile Menschen deren Persönlichkeit in ihrem Entwicklungslevel absolut nicht ihrem Karrierelevel entspricht. Für ihre Entwicklung war nämlich nie Zeit gewesen. Sie hatte warten müssen, wenn man gerade wieder für einen MBA lernte, sich in Lobbying-Zirkeln zeigte oder mit wichtigen Multiplikatoren netzwerkte, um möglichst rasch die Karriereleiter erklimmen zu können.

## Persönlichkeitsentwicklung war noch nie wichtiger

Nicht nur deshalb war eine bewusste Persönlichkeitsentwicklung wohl noch nie so maßgeblich wie in unserer gegenwärtigen Zeit. Während es uns gewährt ist, in unserer postmodernen, liberalen westlichen Gesellschaft Werte und Prinzipien selbst zu definieren, wurden diese vor einigen Jahrzehnten noch von der Kirche und der Gesellschaft vorgegeben – sie boten ein Ideal, das von der Mehrheit nicht infrage gestellt wurde. So machten sich zum Beispiel viele Eltern früherer Generationen keine expliziten Gedanken über die Gestaltung ihres Lebensweges, ihres Kinderwunsches oder über sonstige wichtige Themen – sie verfolgten einfach das vorgegebene Ideal, zumindest in den meisten Fällen. Taten sie es nicht – so wie mein Vater, der als 20-Jähriger beschloss, aus dem Priesterseminar auszusteigen, führte dies natürlich zu heftigstem Widerstand. Seine Entscheidung galt als massives Fehlverhalten und war gleichsam ein Tabubruch in seiner Familie.

Heute müssen wir uns diesen Idealen nicht mehr unterordnen. Wir haben die Möglichkeit, unsere Werte und Prinzipien und Lebensweisen selbst zu definieren. Das ist zum einen ein Privileg, zum anderen aber auch eine Herausforderung. *Halt und Orientierung zu finden ist keine einfache Übung – insbesondere dann, wenn Instanzen fehlen, die Wege vorgeben und eine sozial-liberale Gesellschaft vorleben, dass wir uns nur mehr nehmen müssten, was uns vermeintlich zustünde.*

Hinzu kommt, dass in der Arbeitswelt von VUKA auch scheinbar Gegebenes ausgehebelt werden kann. Denken wir an die Pleite der Lehmann Brothers oder den Finanzkollaps ganzer Staaten – wer hätte das für möglich gehalten? Eines steht spätestens seit dem Jahr 2008 fest: Von außen können wir keine Stabilität mehr erwarten. Stabilität kann nur von innen heraus durch eine gereifte Persönlichkeit entwickelt werden.

## Wir sind dafür geschaffen, uns weiterzuentwickeln

Aber Weiterentwicklung ist schwierig, mühsam und manchmal erscheint sie uns unmöglich. Leider erlaubt uns die moderne Hirnforschung nicht mehr, uns auf Argumente wie »So bin ich halt« oder »Was Hänschen nicht lernt, lernt Hans nimmermehr« herauszureden. Spätestens seit der Jahrtausendwende steht fest: »Wir sind biologisch betrachtet jederzeit in der Lage, uns zu verändern, neues Wissen und neue Fähigkeiten zu erlernen, neue Verhaltensweisen zu entwickeln und alte Verhaltensweisen hinter uns zu lassen. Wir können auch die Art und Weise unseres Denkens jederzeit anpassen« (Purps Pardigol 2015, S. 32). Ausrede ade! Zumindest unser Gehirn würde es mitmachen.

Aufgesprungen auf diese bahnbrechende Erkenntnis sind Psychologen wie Angela Duckworth oder Carols Dweck, die in ihren Bestsellern damit aufhorchen ließen, dass dies ja nicht nur heiße, dass wir uns zu reiferen, sondern auch zu erfolgreicheren Menschen entwickeln könnten. Die renommierte Standford-Psychologin Dweck sieht Erfolg nicht durch den IQ eines Menschen in Stein gemeißelt, sondern glaubt an ein »Growth Mindset«, das davon ausgeht, dass »deine grundlegenden Qualitäten Dinge sind, die mithilfe von Fleiß, gezielter Übung und der Unterstützung anderer kultiviert werden können (Dweck 2017, S. 7, eigene Übersetzung). Auch Angela Duckworth, Psychologin an der Universität Pennsylvania und Autorin des Buches *GRIT*, bestätigte in ihren Studien, dass es nicht Talent ist, das Menschen erfolgreich macht, sondern Leidenschaft und Durchhaltevermögen. »Unser Potenzial ist eine Sache. Was wir daraus machen, ist eine ganz andere« (Duckworth 2017, S. 32). Damit gilt: Wir sind dafür geschaffen, uns weiterzuentwickeln. Ob wir es tun oder nicht, ist keine Frage des IQ oder unserer Talente und auch keine Frage der Umstände. Ob Weiterentwicklung stattfindet, ist einzig und allein eine Frage der persönlichen Verantwortungsübernahme.

## Der Weg zur reifen Persönlichkeit

Selbstverständlich gibt es gute und schlechte Nährböden für das Heranwachsen einer Persönlichkeit. Jemand, der auf dem Weg seiner

Entwicklung geliebt wurde, zu lieben gelernt hat, eine verantwortungsbewusste Persönlichkeit um sich hatte und Geborgenheit und Sicherheit erlebte, kann auf einem anderen Fundament aufbauen als jemand, dessen Kindheit von Krieg und Terror geprägt war. Die Entwicklungspsychologie ist sich einig, dass die Ausprägung einer Persönlichkeit nicht von der Kindheit loszulösen ist. Allerdings hat uns gerade auch die Resilienzforschung gezeigt, dass sich selbst Menschen, die traumatisierende Erlebnisse in ihrer Kindheit erleben mussten, zu reifen Persönlichkeiten entwickeln konnten. Diese Tatsache zeigt unter anderem dass der Reifeprozess unserer Persönlichkeit nicht mit der Kindheit abgeschlossen ist sondern, im Gegenteil, auch im Erwachsenenalter anhält und insbesondere zu dieser Zeit willentlich vorangetrieben werden kann.

*Die Voraussetzung dafür, dass Nachreifen stattfinden kann, ist eine Haltung, die durch verantwortungsbewusstes Handeln meinem eigenen Schicksal gegenüber geprägt ist.* Sehe ich mich als Opfer meiner Sozialisierung oder fühle ich mich verantwortlich für mein Schicksal? Entschuldige ich viele meiner Verhaltensweisen mit den Rollenvorbildern, die mich prägten, oder nehme ich diese Erkenntnis zum Anlass, mich weiterzuentwickeln? Echtes Erwachsenwerden und Reifen meint unter anderem, die Verantwortung dafür zu übernehmen, wie ich mit meinem Schicksal umgehe, es verarbeite und aufarbeite (Härry 2018, S. 30). Das Sprichwort, dass jeder seines Glückes Schmied ist, hat bis zu einem gewissen Grad somit durchaus seine Berechtigung.

## Nachreifen

Jeder von uns hat Bedarf nachzureifen. Wir alle stoßen immer wieder an unsere Grenzen, sind überfordert und reagieren unreif. Manchmal sind es Krisen, die uns diesen Nachreifebedarf aufzeigen, manchmal das Feedback unserer Partner und in wieder anderen Fällen die Lebensumstände. Die Geburt von Kindern ist zum Beispiel einer dieser Lebensumstände, der Nachreifen erfordert: Plötzlich ist bewusste Verantwortungsübernahme für eine andere Person erforderlich. Erkenne ich zum Beispiel in diesen Phasen die Notwendigkeit des Nachreifens nicht, entstehen grundlegende Probleme. Ähnlich verhält es sich bei der Übernahme von Führungsverantwortung: Plötzlich trage ich Verantwortung nicht nur für das in Zahlen gegossene Wohlergehen des Unternehmens, sondern auch für das mentale Wohlergehen meiner Mitarbeiter: für deren berufliches Weiterkommen, deren Leistung und deren Zufriedenheit. Versäumen Führungskräfte diesen Startschuss zum Nachreifen, werden sie es nie zur Führungspersönlichkeit schaffen.

Nicht jedes Reifedefizit muss mit der gleichen Dringlichkeit bearbeitet werden. Manchmal aber erfordern die Umstände eine akute Weiterentwicklung. Die um sich fassende Agilitätsbewegung ist einer dieser Umstände. Sie fordert uns heraus, plötzlich eigenverantwortlich, engagiert, mutig und flexibel zu sein. Diese Eigenschaften haben insbesondere die Vertreter meiner Generation und jene der Babyboomer in den vergangenen Jahrzehnten nicht gelernt. Wir sind in einer Zeit starrer Hierarchien und vorgegebener Prozesse groß geworden. Die plötzlich geforderte Selbstorganisation und Flexibilität überfordern uns. Doch wir sollten es tunlichst vermeiden, hier den Weg der Opferrolle zu wählen. So wie wir von jungen Erwachsenen fordern, ihr Schicksal verantwortungsvoll in die Hand zu nehmen, sollten auch wir den Impuls zum Nachreifen nicht versäumen. Voraussetzung dafür sind Eigenverantwortlichkeit und Willensstärke.

*Der Weg dieses Nachreifens verliert sich häufig im Dschungel jener Anforderungen, die eine VUKA-Welt an uns heranträgt.* Wo ansetzen? Was ändern? Während die einen hochmotiviert tabula rasa machen, alles ändern wollen und dann in vielen Fällen erschöpft aufgeben, ziehen sich die anderen überfordert zurück. *Aus genau diesem Grund habe ich ein Modell geschaffen, das jenen Reifeprozess aufzeigt, der zur stabilen Persönlichkeit führt, die in der Lage ist, langfristig in einer dynamischen Umwelt flexibel und agil zu agieren:* das Würzburger Kompetenzmodell (siehe Abb. 4). Es soll vor voreiligem Aktionismus gleichermaßen bewahren wie vor dem Verharren in einer Opferrolle. Dafür soll das Würzburger Kompetenzmodell den Fokus von Menschen aller Generationen auf jene Kompetenzen lenken, die für ein erfolgreiches Agieren in unserer dynamischen Welt maßgeblich sind.

## Das Würzburger Kompetenzmodell

Das Würzburger Kompetenzmodell zeigt auf, wie der Reifeprozess zum agil handelnden Individuum (AGILES ICH) gelingen kann. Dafür ist ein STABILES ICH Voraussetzung, das bestimmte Schlüsselkompetenzen mitbringen muss, um auch im digitalen VUKA-Sturm langfristig kompetent und stabil bleiben zu können.

Das Modell basiert auf der dahinterliegenden Theorie, dass schon von Geburt an alle Talente und Potenziale für eine erfüllte Karriere und auch für ein erfülltes Leben im Innersten sind. Damit verfügt jeder Mensch über ein bestimmtes Ausmaß an Ressourcen – in Abbildung 4 dargestellt als »Mein Potenzial«. Die Aktivierung dieser Ressourcen findet im natürlichen Wachstumsprozess vom Kind zum erwachsenen Menschen statt. Dieser Prozess wird stark vom Kontext – im Sinne der Sozialisierung – beeinflusst. Darüber hinaus aber geht die Theorie davon aus, dass jeder einzelne Mensch durch eine selbstständig aktivierte Persönlichkeitsentwicklung – Prozess des im vorangegangenen Kapitel ausgeführten Nachreifens – seine eigenen Kompetenzen weiterentwickeln kann. *Die Würzburger Kompetenzen verleihen dem Menschen die notwendige Robustheit und Stabilität, um auch in der Dynamik unserer VUKA-Welt agil arbeiten zu können.*

**Agil in der digitalen VUKA-Welt mit den Würzburger Kompetenzen**

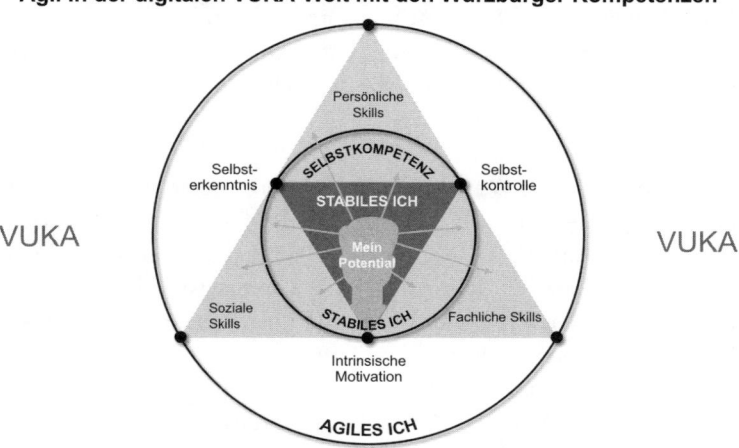

Abb 4: Das Würzburger Kompetenzmodell (Quelle: Rechte beim Autor)

Die Idee des Würzburger Kompetenzmodells stützt sich auf das delphische »Gnothi Seautón[1]« und sieht die Fähigkeit, sich selbst zu erkennen, als eine Schlüsselkompetenz, um »bei vollem Bewusstsein das zu verwirklichen, was seinem Charakter und seinen Talenten adäquat ist« (Schulak 2016). Damit beginnt sowohl die Suche nach persönlicher als auch nach beruflicher Erfüllung bei der Ergründung seines Potenzials. Denn nur wenn ich meine Stärken kenne und um meine Schwächen weiß, meine Emotionen akzeptiere, aber mich nicht von ihnen überwältigen lasse, allerdings auch meine Bedürfnisse erkenne und anerkenne, habe ich die Möglichkeit, mein Leben selbst zu gestalten. »Ein Mensch muss wissen, was er will, und wissen, was er kann«, so Philosoph Schopenhauer, »erst so wird er Charakter zeigen und erst dann kann er etwas Rechtes vollbringen« (1977, S. 381).

Im Kontext der Agilitätsbewegung erlangt diese Schlüsselkompetenz eine neue Tragweite. Agile Organisationen gewähren ihren Mitarbeitern ein hohes Maß an Freiheit und gestehen ihnen Selbstorganisation zu. Im Gegenzug dazu erwarten sie Engagement und unternehmerisches Verantwortungsbewusstsein. Beiden Anforderungen kann nur eine gereifte Persönlichkeit nachkommen, die sich wiederum durch ein hohes Maß an Selbstwahrnehmung und Selbststeuerung auszeichnet. *Wer also agil und leistungsstark werden will, braucht ein STABILES ICH, das ihn mit den dafür notwendigen Kompetenzen ausstattet und ihm gleichzeitig innere Stabilität verleiht.* Diese persönlichen Kompetenzen sind: intrinsische Motivation, Selbsterkenntnis, Selbststeuerung, Umsetzungskompetenz und Entscheidungsfähigkeit. Sie zeichnen den selbstkompetenten, stabilen Menschen aus (STABILES ICH).

Zudem umfasst das Würzburger Kompetenzmodell weitere persönliche Fähigkeiten wie Selbstführung und Resilienz. Sie sind notwendig, um auch im VUKA-Kontext des digitalen Zeitalters stabil und erfolgreich bleiben zu können. Dieser Kontext ist in der heutigen Arbeitswelt zweifellos dynamischer und unsicherer als jemals zuvor. Von diesem Kontext ist keinerlei Stabilität zu erwarten. Stabilität kann der Einzelne nur aus sich selbst erfahren. Sein STABILES ICH verleiht ihm diese Stabilität, die wiederum Grundvoraussetzung dafür ist, um

---

[1] Gnothi Seauton, »Erkenne dich selbst!« Inschrift am Apollotempel von Delphi.

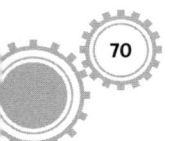

Der Weg zum agilen Menschen

in der Herausforderungszone des digitalen Zeitalters auch langfristig agil zu bleiben.

Darüber hinaus sieht das Modell (vergleiche Abbildung 6) soziale und fachliche Kompetenzen vor, die der Einzelne in der vernetzten digitalen Welt mitbringen muss, um in Teams und Organisationen zu bestehen. Es handelt sich hierbei um die sozialen Kompetenzen Kommunikationsfähigkeit, Konfliktfähigkeit und Vertrauensfähigkeit. Sie beeinflussen das Miteinander im agilen Kontext wesentlich und sind Grundvoraussetzungen dafür, um langfristig auch im disruptiven, digitalen VUKA-Zeitalter erfolgreich zu agieren (AGILES ICH).

## Literatur

Duckworth, Angela (2017): GRIT – die neue Formel zum Erfolg. Mit Begeisterung und Ausdauer ans Ziel. Bertelsmann Verlag, München.

Dweck, Carol (2017): Mindset. Changing your way to think to fulfil your potential. Penguin Random House, New York.

Härry, Thomas (2018): Die Kunst des reifen Handelns. SCM, Witten.

Purps-Pardigol, Sebastian (2015): Führen mit Hirn. Mitarbeiter begeistern und Unternehmenserfolg steigern. Campus: Frankfurt.

Schopenhauer, Arthur (1977): Die Welt als Wille und Vorstellung I, 4. Buch. § 55, in: Arthur Hübscher (Hrsg), Werke in 10 Bänden (Zürcher Ausgabe), Zürich 1977, Bd. 2, S. 381

Schulak, Eugen-Maria (2016): Erkenne dich selbst! – Werde, der du bist! Über den Ursprung philosophischen Denkens. In: Schriftenreihe der Österreichischen Gesellschaft für organismisch-systemische Forschung und Theorie. Abgerufen am 30.06.2018, http://www.philosophische-praxis.at/selbsterkenntnis.html

Winterhoff, Michael (2015): Mythos Überforderung: Was wir gewinnen, wenn wir uns erwachsen verhalten. Gütersloh Verlagshaus: Gütersloh, S. 172

# AGIL WERDEN – PERSÖNLICHE KOMPETENZEN

# Intrinsische Motivation

Irgendwann hatten wir aufgehört, uns darüber zu wundern. Aber nachdem er diesen internationalen Schülerwettbewerb gewonnen hatte, verstanden wir, dass es keine Spinnerei war, die ihn antrieb, sondern Talent und Leidenschaft. Mein Bruder Wolfram erkannte bereits in jungen Jahren, was er wirklich, wirklich machen wollte. Immer wieder schloss er sich für mehrere Tage in sein Zimmer, um seiner Leidenschaft nachzugehen. In dieser Zeit war er fern von Raum und Zeit: Bedürfnisse wie Hunger, Durst oder Schlaf schien er nicht wahrzunehmen, stattdessen lebte er nur für diese eine Vision, die er mit Pinsel und Farbe auf die Leinwand bringen wollte. Mein Bruder ist Kunstmaler und erkannte seine Berufung bereits sehr früh, wenngleich er es erst viel später wagte, ihr auch beruflich nachzugehen.

Für einen Außenstehenden sind diese für Wolfram so intensiven Zeiten schwer nachzuvollziehen: hier noch eine Schraffur, da noch ein Schatten, völlige Hingabe für etwas, das gemessen an monetären Werten wohl kaum etwas einbringen wird. Für Wolfram tut dies nichts zur Sache – seine Vision ist das perfekte Bild und mit jedem Pinselstrich ist er seiner Vision einen Schritt näher.

Was Wolfram in diesen Phasen antreibt, ist weder Geld noch Anerkennung – es ist seine intrinsische Motivation. Er verzichtet nicht auf Schlaf und Essen, weil er einen Preis gewinnen will. Er nimmt nicht die stickige, ungesunde Luft seines Ateliers und jegliche Abwesenheit von Entspannung und Ruhe in Kauf, um einen hohen Ertrag zu erzielen. Nein, es sind seine Vision, sein Verlangen, seine Idee zu realisieren, und die Herausforderung, das perfekte Bild zu schaffen, die ihn antreiben. Kein Preis der Welt könnte ihn mehr anspornen.

## Im Flow – New Work

»Tun, was man wirklich, wirklich will«, ist für Frithjof Bergmann, den Begründer der New-Work-Bewegung, der Schlüssel – nicht nur zum erfüllten Berufsleben, sondern auch zur effizienten Arbeitskraft. »Sie (Arbeitnehmer) haben erkannt, dass Arbeit glücklich machen kann und dass glückliche Arbeitnehmer, die sich mit ihrem Beruf identifizieren können, deutlich effizienter, zuverlässiger und auch selbstverantwortlicher sind« (Czaja, 2018). So war es auch bei Wolfram. Während er sich schwertat, Effizienz und eigenständige Leistungsbereitschaft in anderen Bereichen seines beruflichen Lebens zu zeigen, schienen diese Dinge bei seiner Malerei eine Selbstverständlichkeit. Dort brauchte er weder die Ermutigung seiner Freunde noch seiner Familie, um dranzubleiben und durchzuhalten. Dort schien sich alles im Flow zu befinden – seine Leistungsbereitschaft, sein Durchhaltevermögen, sein Verantwortungsgefühl und seine Umsetzungskompetenz.

Eine Grundlage von Bergmanns Ansatz ist Mihaly Csíkszentmihályis Flow-Theorie. Der ungarisch-amerikanische Psychologe Csíkszentmihályi beobachtete Künstler und konnte genau jenes exzessive Engagement ausmachen, das auch ich bei Wolfram miterlebe: »Sie (die Künstler) schienen sich für nichts anderes mehr zu interessieren. War das Bild jedoch fertig, so hatte es jede Attraktivität verloren. Es wurde zu all den anderen Bildern gestellt, die als Resultate vorherigen Engagements unbeachtet in einer Ecke standen. Anschließend wurde ein neues Bild in Angriff genommen« (Rheinberg 2010, S. 380). Für Csíkszentmihályi stand damit fest: Die Motivation des Künstlers hing nicht vom Ergebnis ab. Im Gegenteil: Es war der Zustand des Schaffens, der gesucht wurde. Csíkszentmihályi unternahm daraufhin eine Reihe weiterer Untersuchungen und konnte sechs wesentliche Merkmale identifizieren, die diesen Zustand, den er Flow nannte, beschrieben. Im Flow-Zustand erlebt der Betroffene

- eine Balance zwischen Anforderung und Fähigkeit,

- eine absolute Klarheit darüber, was jetzt zu tun ist,

- einen Handlungsablauf, der durch ein flüssiges Übergleiten von einem Schritt zum nächsten gekennzeichnet ist,

- eine Konzentration, die nicht bewusst hergestellt werden muss, sondern von selbst kommt,

- ein Vergessen von Raum und Zeit,

- ein Verschmelzen von sich selbst und der Tätigkeit (vgl. Rheinberg 2010, S. 380).

Wirklich interessant an dieser Sache – und hier war Bergmann wesentlich daran beteiligt – ist allerdings die Erkenntnis, dass dieses Flow-Erleben nicht nur von Künstlern, Höchstleistungssportlern oder Wissenschaftlern erfahren werden kann, sondern Einzug in das Leben jedes – auch weniger leidenschaftlich gepolten – Menschen halten kann, sofern die Voraussetzungen dafür gegeben sind. »Flow erleben« beginnt damit, das zu machen, »was man wirklich, wirklich will« (Czaja, 2018). Mit seiner New-Work-Bewegung fordert Bergmann dazu auf, dieses Begehren, das diese Künstler antreibt und auf dem das Flow-Erleben aufbaut, wieder zu erlernen. Die Voraussetzungen dafür sind in jedem von uns gegeben. Häufig sind es allerdings Beeinflussungen von außen, die uns auf falsche Fährten führen und dieses Begehren nie wirklich aufkommen lassen. Mein Bruder Wolfram beispielsweise schlug trotz eindeutiger Kenntnis seiner Talente den Weg des Juristen ein. Der Beruf des Künstlers schien zur damaligen Zeit noch mehr als heute ein brotloser Weg, auf dem man nur schwer eine Familie ernähren konnte. So fügte er sich dem unausgesprochenen Wunsch meiner Eltern, der Erwartungshaltung der Gesellschaft und seinem eigenen Zweifel, schloss ein Jurastudium ab und arbeitete daraufhin auch einige Jahre als Jurist. Interessanterweise erfolgreich – wenngleich auch ohne Leidenschaft. Und diese war es wohl auch, die ihn nach einigen Jahren wieder dazu bewegte, seinen angesehenen und gut dotierten Job an den Nagel zu hängen und wieder dem Malen nachzugehen.

An dem Beispiel meines Bruders lässt sich erkennen, dass der Weg zum Flow zwei Dinge braucht: Es bedarf der Überwindung seiner »Selbstunkenntnis« und der Suche nach jener Tätigkeit, die in der Übereinstimmung mit den eigenen Wünschen, Hoffnungen, Träumen und Begabungen steht, wie Bergmann es ausdrückt (vgl. Bergmann 2004, S. 376f.). Dabei scheint es mir wesentlich, zu erwähnen, dass damit kein abgehobener, unrealistischer Traum (z. B. ich möchte

Rockstar werden), sondern mehr die Erfüllung von Möglichkeiten und Bestimmung gemeint ist. Jeder Mensch ist mit einem bestimmten Potenzial an Talenten und Möglichkeiten ausgestattet und es gilt, vielmehr diese zu erkennen und zur Entfaltung zu bringen, als einer Fiktion nachzujagen, die womöglich weniger intrinsisch motiviert als von außen vorgegeben ist. Zum anderen braucht Flow aber auch den Mut, seiner eigenen Stimme zu folgen und nicht nur gesellschaftlichen Konventionen nachzugehen.

*»Tun, was man wirklich, wirklich will«, beginnt damit »herauszufinden, was man wirklich, wirklich will.«* In manchen Fällen – wie bei meinem Bruder Wolfram – war es schon relativ früh offensichtlich. Bei anderen braucht es Umwege, das Feedback von anderen, augenöffnende Erfahrungen, Niederlagen, Siege und vor allem Zeit. Unabhängig davon aber braucht es in jedem Fall die Konfrontation mit seinem Selbst, seinen Stärken, Schwächen, Bedürfnissen und Mustern, um die Selbstunkenntnis zu überwinden und den Mut aufzubringen, den Flow in seinem Leben zuzulassen.

Rechnen wird sich diese Entwicklung allemal – nicht nur für einen persönlich, sondern auch gesellschaftlich. Beruflich einer Tätigkeit nachzugehen, die einen weder mit Freude erfüllt noch den eigenen Stärken entspricht, kann das persönliche Wohlbefinden bis hin zu depressiven Störungen beeinträchtigen. Leider versuchen viel zu viele Arbeitnehmer sich mit einer für sie wenig optimalen Situation am Arbeitsplatz abzufinden: Fast drei Viertel der Arbeitnehmer, machen Dienst nach Vorschrift, so der Gallup Engagement Index (2017). Gibt es auch für den daraus resultierenden volkswirtschaftlichen Schaden aufgrund von Abwesenheiten, bedingt durch psychische Störungen, keine validen Schätzungen, steht fest, dass motivierte Arbeitnehmer eine 25 % höhere Arbeitsproduktivität erzielen als ihre frustrierten Kollegen (Pelz 2017, S. 106).

# Selbsterkenntnis (Self-Awareness)

Stellen Sie sich vor, sie arbeiten in einem Projekt mit einem Kollegen zusammen, der so ganz anders tickt als Sie. Während Sie gut darin sind, das große Ganze zu sehen, verliert er sich permanent in Details. Wenn Sie Ideen einbringen, die Ihrem Unternehmen strategisch weiterhelfen könnten, verliert er sich in möglichen rechtlichen Hindernissen. Sie spüren den Zeitdruck, wollen erste Ergebnisse liefern und können dafür auch eine gewisse Unzulänglichkeit in der Qualität ertragen. Für Ihren Kollegen hingegen scheinen Meilensteine unwichtig und ganz andere Maßstäbe zu gelten, er will die Dinge gründlich machen und investiert wertvolle Stunden in Tätigkeiten, die für Sie zu diesem Zeitpunkt noch absolut keine Priorität haben – schon gar nicht in diesem Detaillierungsgrad!

Ihre einzige Chance, heil aus dieser Situation rauszukommen? Selbsterkenntnis. Das überrascht jetzt womöglich. Spontan würde man wohl »zurückhalten, ruhig Blut bewahren« als Coping-Strategie vorschlagen. Ohne das wird's natürlich auch nicht funktionieren, aber womöglich sind Sie selbst bereits des Öfteren beim »Ruhig-Blut-Bewahren« gescheitert. Irgendwann platzt einem dann doch der Kragen – spätestens dann, wenn der Druck zu hoch und der Stress zu viel wird. Ruhig-Blut-Bewahren oder noch besser Selbstkontrolle sind maßgeblich, allerdings nur dann wirklich möglich, wenn ihnen Selbsterkenntnis vorausgeht. Nur wenn Sie gleichermaßen wie Ihr detailverliebter Kollege erkennen, dass Sie in Ihrer Art und Weise Stärken, aber auch Schwächen haben, können Sie dem anderen mit ehrlichem Respekt begegnen. Dann nämlich wissen Sie, dass es gerade die Stärken des anderen sind – seine Fähigkeit, sich ins Detail zu denken, sein analytisches Denken sowie sein hoher Qualitätsanspruch –, die Ihre Schwächen in der Detailarbeit ausmerzen. Haben Sie das erkannt, ist Ihr Gegenüber plötzlich nicht mehr nervig, kurzsichtig und mühsam, sondern absolut wertvoll für das Gesamtergebnis Ihres Projektes.

Dementsprechend wird sich Ihre Haltung und damit einhergehend auch Ihr Verhalten ändern.

Nach genau diesem Prinzip arbeiten Hochleistungsteams. Sogenannte Teams of Stars oder Winning Teams sind nie mit gleichen Typen besetzt – sie weisen immer einen intelligenten Mix unterschiedlicher Persönlichkeitstypen mit unterschiedlichen Fähigkeiten und Talenten auf. Sie sind komplementäre Teile, die letzten Endes ein homogenes Team mit eingespielten Automatismen bilden.

## Selbsterkenntnis als Basis für Beziehungsfähigkeit

»Was ich bei mir selbst nicht wahrnehme oder kenne, das projiziere ich auf andere. All das, was mir in meiner Seele unbekannt ist, verdunkelt meinen Blick auf die anderen. Ich ärgere mich über den, der nur um seine eigenen Bedürfnisse kreist. Doch wenn ich in mich hineinschaue, werde ich erkennen, dass der andere mich an meine eigene Wahrheit erinnert. In mir ist die gleiche Tendenz, meine Bedürfnisse durchzusetzen« (Grün 2017, S. 15). Genauso wäre die eben beschriebene Situation ausgegangen, hätten die beiden Beteiligten nicht um ihre Stärken und Schwächen gewusst. Genau nach diesem Muster endeten auch etliche meiner Begegnungen mit hierarchisch Höhergestellten: Ich geriet ständig mit ihnen in Konflikt, weil ich mich dagegen auflehnte, dass sie ihre Position und formale Macht zu ihren Gunsten ausnutzen wollten. Gleichermaßen versuchte aber auch ich unbewusst, meine mir zu Verfügung stehenden Mittel der Macht, das waren entweder meine Beliebtheit unter Kollegen oder meine Kompetenz als Arbeitnehmer, auszuspielen. Dieses Bedürfnis zur Machtausübung hatte ich mir zu diesem Zeitpunkt noch nicht eingestanden – es war mir nicht einmal bewusst. Im Gegenteil: Ich sah mich als Vertreter des niederen Volkes, der gegen die Mächtigen da oben aufzubegehren wagte. Meine Beziehungsfähigkeit war durch diese mangelnde Selbsterkenntnis immens gestört. Ich war nicht in der Lage, eine wohlwollende Beziehung zu Vorgesetzten zu pflegen. Erst die Erkenntnis dieses Musters erlaubte mir, mein Verhalten zu ändern.

Manchmal braucht es dafür Jahre. So auch bei mir. Als ich im Zuge meiner damaligen Coachingausbildung bei Friedrich Glasl 2011 den Film »Das Experiment« sah, erkannte ich dies mir so ureigene Muster. Der Film basiert auf einem realen Experiment, das in den 1970er-Jahren unter der Leitung von Philip Zimbardo an der Stanford University durchgeführt wurde, bei dem Aggressionsverhalten in einer künstlichen Gefängnissituation getestet werden sollte. Bei aller Kritik an dem Film half er mir, mich selbst zu erkennen, machte er doch die unterschiedlichen Konflikttypen gut sichtbar: Da gab es die Harmoniebedürftigen, Konfliktscheuen, die Kompromisse der Eskalation vorzogen, und die Konfliktleugner gleichermaßen wie den streitlustigen Provokateur, der es auf Konfrontation anlegte, sich an dem Verhalten anderer belustigte, gerne stichelte und provozierte. Darüber hinaus war auch der Konfliktfähige anwesend, der es verstand, seine Meinung neutral und konsequent zu vertreten, und diese Selbstständigkeit auch anderen zugestand. Leider fand ich mich nicht in der Rolle des Letzteren, sondern in jener des Provokateurs. Und so musste ich an diesem Abend an meine Zeit der Grundausbildung beim Österreichischen Bundesheer denken, die ich mir selbst durch provokantes Verhalten schwer gemacht hatte. Ich kam mir anfänglich wie in einem amüsanten Kaspertheater vor, wo zwar nicht das grüne Krokodil, dafür aber grün uniformierte Marionetten den Ton angaben. In meinem ganzen Auftreten verstand ich es, den mir vorgesetzten Zugführer zu provozieren und die lachenden Kameraden auf meine Seite zu bringen, worauf dieser an mir flüsternd vorbeiging und meinte:« Warte nur, bald wird dir dein Lachen vergehen!« Seine Reaktion erfolgte zeitverzögert mit Strafdiensten, Ausgangssperren etc. Zur damaligen Zeit sah ich natürlich keinerlei Schuld für diesen Konflikt bei mir selbst – ich schrieb alles nur dem humorlosen, cholerischen Verhalten meines etwas zu klein gewachsenen Zugführers zu. Erst viele Jahre später, an diesem Fernsehabend wurde mir klar, dass ich es war, der die Situation in diesen Konflikt getrieben hatte.

## Selbsterkenntnis als der erste Schritt für die persönliche Weiterentwicklung

Selbsterkenntnis ist die Grundlage dafür, seine Persönlichkeit weiterentwickeln zu können. In jedem Unternehmen, in dem wir etwas verändern wollen, erheben wir zu Beginn den Status quo. Jedes Projekt, das Unterstützung benötigt, wird zuerst auf seinen Ist-Zustand geprüft. Die Wahrnehmung des Status quo und die gründliche Analyse dieses Zustandes ist in allen Fällen ein erster kluger Schritt zur Veränderung.

Dieser erste Schritt ist allerdings ein herausfordernder. »Die Ratio allein bewegt überhaupt nichts«, sagt der renommierte Hirnforscher Gerhard Roth. Nur 0,1 % dessen, was unser Hirn gerade tut, wird uns auch bewusst. Der Rest passiert unbewusst als ein Produkt unserer Bedürfnisse, Affekte und unserer sozialen und emotionalen Konditionierung (Pötzl, Schreibner 2009). Dementsprechend funktioniert Selbsterkenntnis auch nicht über die Beeinflussung unseres Willens. Unser Bestreben, uns an der eigenen Nase zu nehmen in Ehren, führt letzten Endes oft nur eine kritische Anmerkung eines anderen uns selbst zum zielführenden Reflektieren und Hinterfragen: Warum reagieren wir in bestimmten Situationen so? Was lässt mich immer wieder unbeherrscht sein? Was macht mir Angst? Warum ziehe ich mich zurück? Warum gehe ich so schnell in den (Gegen-)Angriff über?

Wir zeigen in unserem Verhalten gewisse Muster, die sich aus der Summe unterschiedlicher Einflussfaktoren ergeben. Da wären einmal unsere Bedürfnisse, Affekte und unser Temperament. Sie sind es, die uns bei einem plötzlich auftauchenden Auto auf die Bremse steigen lassen oder uns in Deckung gehen lassen, wenn Gefahr droht. Sie entstehen in jenem Teil des Gehirns, das auch für alle elementaren Körperfunktionen zuständig ist – die untere limbische Ebene. Sie sind ein Ergebnis unserer Geschichte und durch unseren Willen kaum beeinflussbar.

Außerdem sind wir alle wesentlich geprägt durch das, was die Entwicklungspsychologie als die frühkindliche emotionale Konditionierung bezeichnet. Damit gemeint sind Erfahrungen im Mutterleib,

die Mutter-Kind-Beziehung und auch alle weiteren Erfahrungen mit Bezugspersonen in der Phase unseres Heranwachsens.

Zu guter Letzt sind es natürlich alle weiteren prägenden Erfahrungen, die wir über die ersten drei Lebensjahre hinaus machen. Sie manifestieren Bilder in unserem Kopf, die es uns entweder erlauben oder uns davon abhalten, unser ganzes Potenzial abzurufen. Eines dieser Ereignisse, die meine Potenzialentfaltung positiv beeinflusste, war eines meiner ersten Coachingprojekte als selbstständiger Projektcoach. Der Auftrag war herausfordernd, da ein unterschwelliger Konflikt zwischen zwei im Projekt maßgeblichen Personen vorlag. Mein damaliger Auftraggeber wies mich darauf hin und forderte mich auf, mir ein eigenständiges Bild von der Situation zu machen. So telefonierte ich im Vorfeld des Coachings mit den Betroffenen, was mir wesentlich dabei half, die Situation entsprechend einzuschätzen und professionell darauf zu reagieren. Zudem lud mich mein damaliger Auftraggeber zu einem vorbereitenden Gespräch ein, in dem er mich auch ermutigte und offen aussprach, dass er mir das Coaching zutraute. So ging ich gut vorbereitet und gestärkt in dieses Coaching und konnte es sehr erfolgreich absolvieren. Gerne erinnere ich mich noch heute an diesen Moment, an dem ich nach Abschluss des Coachings vor das Unternehmenstor trat und mit Freude im Herzen dachte: »Das hast du gut hinbekommen, Thomas!« Genau damals speicherte ich wohl dieses positive Bild in meinem Gehirn, das mir für so viele weitere Projektcoachings Motivator war. Noch weiter zurück liegt ein Ereignis aus meiner Schulzeit: Als Schulsprecher war ich angehalten, eine Rede vor der gesamten Lehrer- und Schülerschaft meiner Schule zu halten. Wir feierten den runden Geburtstag unseres Direktors. Hunderte Augenpaare waren auf mich gerichtet, als ich meine Rede begann. Meine Nervosität war groß, aber ich bestand. Die Bemerkung eines Lehrers nach diesem Auftritt – er klopfte mir auf die Schulter und sagte: »Gut gebrüllt, Löwe!« – erfüllte mich mit Genugtuung und Stolz und hat wohl dazu beigetragen, mein Selbstbewusstsein in vergleichbaren Situationen zu stärken.

Genau umgekehrt verlief dieser Prozess beim Thema Vorsingen: Als ich im Alter von acht Jahren vor Hunderten Kindern und ihren Eltern in der Kirche stand, die gespannt darauf warteten, bis ich zu singen begann. In diesem Moment manifestierte sich ein absolut negatives Bild in meinem Gehirn: *Während die Begleitmusik bereits zu spielen begann und mich die Lehrerin auf meinen Einsatz hinwies, bekam ich keinen Ton heraus. Nie werde ich die erwartungsvollen Augenpaare vergessen, die mich damals anstarrten.* Ich habe seit diesem Zeitpunkt nie mehr als Solist irgendwo vorgesungen und werde es wohl auch nie wieder tun.

Was ich hier erlebte, erklärt Sebastian Purps-Pardigol in seinem Potenzialkreis (siehe Abb. 5): Sein Modell basiert auf der Tatsache, dass Erfahrungen neuronale Netzwerke im Gehirn formen und damit die inneren Bilder beeinflussen. *Diese inneren Bilder sind es wiederum, die darüber entscheiden, ob wir auf unser Potenzial zugreifen können oder nicht.* So geschah es bei mir im positiven Sinne bei meinem ersten Coaching und im negativen bei meinem Fauxpas in der Kirche. Während bei mir dadurch allerdings nur eine mögliche Salzburger-Domknaben-Karriere verbaut wurde, leiden viele Menschen manchmal ein Leben lang unter der negativen Beeinflussung dieser inneren Bilder. Menschen allerdings, die auf viele positive Bilder zurückgreifen können, haben Zugang zu ihrem ganzen Potenzial und können über sich hinauswachsen (Purps-Pardigol 2015, S. 155).

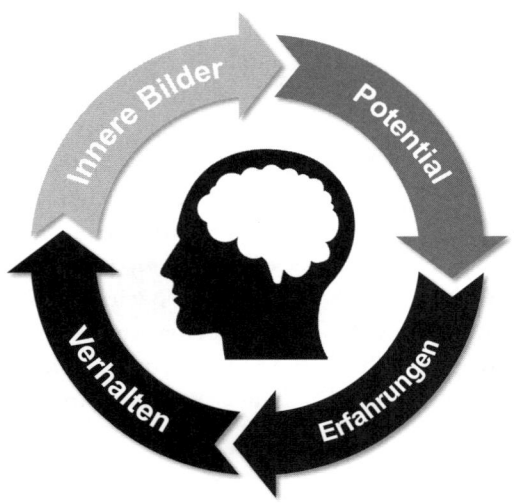

Abb. 5: Der Potenzialkreis nach Sebastian Purps-Pardigol (Quelle: Purps-Pardigol, Sebastian (2015): Führen mit Hirn. Mitarbeiter begeistern und Unternehmenserfolg steigern. Campus: Frankfurt, S. 133, vom Autor überarbeitet)

Agil werden – Persönliche Kompetenzen

All diese Faktoren prägen die Muster unseres Verhaltens. Sie beeinflussen, ob wir in Stresssituationen ruhig und gelassen oder verzweifelt und panisch reagieren. Sie sind dafür verantwortlich, ob wir uns bei Frustration zurückziehen und das Handtuch werfen, aggressiv werden oder verzweifeln. Diese Muster gilt es zu erkennen. Sie geben uns Hinweise darauf, wo Bedürfnisse nicht erfüllt werden oder Ängste vorherrschen. Sie lassen uns erkennen, wo wir ansetzen müssen, um bestimmte Verhaltensweisen ändern zu können. Das Erkennen dieser Muster – das ist für mich Selbsterkenntnis: der erste Schritt zur persönlichen Weiterentwicklung und zum Ausschöpfen des persönlichen Potenzials (vgl. auch Würzburger Kompetenzmodell in Abb. 4).

## Was erzählen uns unsere Gefühle?

Ein weiterer Weg, sein Selbst zu erkennen, führt über unsere Gefühle. In der Psychologie werden Emotionen als wichtige Daten bezeichnet, die Ausdruck über Bedürfnisse oder den Zustand unseres Selbst geben. Sie völlig zu ignorieren kann zu einem Mangelerlebnis und folglich zu einem unerwünschten Verhalten führen. Darüber hinaus können sie auch wertvolle Selbsterkenntnis darüber bringen, wo es in meinem Leben immer wieder klemmt – sie können uns wertvolle Hinweise auf unsere Muster sein.

Die Herausforderung liegt in der Interpretation unserer Gefühle. Sie kennen womöglich so wie ich mein Empfinden, einfach unrund zu sein. Anstatt es wirklich festmachen zu können, wo der Schuh drückt, fühle ich mich, als wäre ich mit dem falschen Fuß aufgestanden, als wäre mir eine Laus über die Leber gelaufen oder wie auch immer Sie es sonst ausdrücken möchten. Können Sie dieses Gefühl immer einem konkreten Vorfall, einem konkreten Bedürfnis zuordnen? Ich nicht! Stattdessen führe ich Stellvertreterkonflikte: bin unfreundlich zu meiner Frau, ungeduldig zu meinen Kindern und ärgere mich über die schlechte Servicequalität der Bahngesellschaft, die allerdings heute keinen Deut schlechter ist als sonst.

Der Grund für dieses Unvermögen ist neurologisch erklärbar. Gefühle entstehen im limbischen System unseres Gehirns, das weitgehend unbewusst abläuft. So merken wir auch von vielen Emotionen nichts, die unser Gehirn produziert. Erst wenn unsere Gefühle durch einen komplexen Prozess in die Hirnrinde gelangen, nehmen wir Gefühle bewusst wahr. Dann aber tun wir uns immer noch schwer, diese zu beschreiben, da diese Region des Gehirns nur eingeschränkt mit unserem Sprachenzentrum verbunden ist. So fällt es uns auch viel leichter, einen Gegenstand als unsere Gefühle zu beschreiben – wir haben von Kindesbeinen an gelernt, unsere Gefühle eher zu unterdrücken, als ihnen freien Lauf zu lassen, wir können Gefühle schwer differenzieren und es fehlen uns in vielen Fällen ganz einfach die Worte. So ist es auch wenig verwunderlich, dass wir als Konsequenz dieser Überforderung dazu tendieren, unsere Gefühle zu unterdrücken, anstatt ihnen entsprechende Aufmerksamkeit zu schenken.

Zum Problem wird dieses Verhalten und dieses Unvermögen, Gefühle auszudrücken, immer dann, wenn wir überreagieren, unreflektiert kommunizieren und Konflikte entstehen. Dann nämlich konfrontieren wir unseren Konfliktpartner eher mit einem Vorwurf, der unser Mangelerlebnis ausdrücken soll, als einer nicht anklagenden Beschreibung unseres Gefühls. So macht es für Ihren Partner und für den weiteren Verlauf des Konflikts natürlich einen wesentlichen Unterschied, ob Sie ihm »Du bist heute wieder so oberflächlich!« an den Kopf werfen oder ob Sie eingestehen, dass Sie sich gekränkt fühlen, weil Ihr Partner immer wieder sein Handy zur Hand nimmt, während Sie ihm etwas erzählen möchten. Gehen Sie den Weg des Vorwurfs, wird der Weg zum eigentlichen Ziel – nämlich zur Befriedigung Ihres Bedürfnisses, zum Beispiel nach Anerkennung oder Teilhabe – sehr schwierig. Viel eher werden Sie sich in gegenseitigen Anklagen verlieren. Verstehen Sie es aber, Ihr Gefühl auszudrücken, anstelle die Situation und das Verhalten Ihres Gegenübers zu interpretieren, schaffen Sie es auch selbst eher, Ihr dahinterliegendes Bedürfnis zu erkennen und die Empathie Ihres Partners zurückzugewinnen.

Eigene Gefühle anzunehmen und zu versuchen, sie bewusst zu deuten, ist ein entscheidender Schritt auf dem Weg zur verbesserten Selbstwahrnehmung. Vielleicht erinnern Sie sich an dem nächsten Tag, an dem sie wieder einmal mit dem falschen Fuß aufgestanden sind, daran, sich kurz Zeit zu nehmen, sich hinzusetzen, tief durchzuatmen und das unmittelbar Vergangene Revue passieren zu lassen. Welche dieser Gedanken verstärken dabei Ihre negativen Gefühle? Gab es bestimmte Vorkommnisse, die Ihre negativen Gefühle auslösten oder verstärkten? Ich persönlich konnte mich diesbezüglich im beruflichen Kontext weiterentwickeln, hinke dieser Entwicklung im Privaten aber nach wie vor hinterher. So führt meine unreflektierte Kommunikation nach wie vor zu Verletzungen bei meiner Frau, die noch viel zu häufig zu einem Konflikt führen.

# Selbststeuerung

Selbstverständlich bewahrt uns Selbsterkenntnis nicht davor, unangebrachtes oder destruktives Verhalten an den Tag zu legen. Sie haben womöglich auch schon die eine oder andere Situation erlebt, die Sie so richtig zum Kochen brachte. War es die wiederholte Kritik oder Besserwisserei eines Kollegen, respektloses Verhalten unserer Kinder, Provokation unseres Partners oder ganz einfach eine Sache, die nicht funktionierte? In diesen Situationen wird unser Gehirn von Hormonen überschwemmt, wir verlieren womöglich jegliche Selbstkontrolle und reagieren mit verbalen Attacken, frustriertem Rückzug oder einem emotionalen Zusammenbruch. Wie auch immer unsere Reaktion aussieht, sie ist wohl kaum einem Konsens oder einem Weiterkommen dienlich.

Selbststeuerung meint keineswegs das Bestreben, seine Emotionen zu unterdrücken. Wir haben im vorangegangenen Kapitel gelesen, dass es wesentlich intelligenter ist, Gefühle als Verbündete denn als Störenfriede zu betrachten. *Selbststeuerung meint vielmehr, diesen Emotionen nicht ausgeliefert zu sein, um Entgleisungen oder emotionale Überfälle zu vermeiden.* Dabei sind selbstkontrollierte Menschen nicht nur ihren Mitmenschen dienlich, sondern auch sich selbst. Menschen mit einem hohen Maß an Selbstkontrolle werden als selbstsicher und authentisch wahrgenommen. Verbale Entgleisungen, vorschnelle Schuldzuweisungen und unsachliche Bemerkungen hingegen schaden Ihrer Integrität und damit auch Ihrer Vertrauenswürdigkeit. Dies gilt natürlich für jeden Arbeitnehmer, aber insbesondere für Führungskräfte! Führungskräfte beeinflussen mit ihrem Verhalten das Klima und damit auch den Erfolg des Unternehmens beträchtlich. Setzen sie einen Maßstab hoher Integrität und Vertrauenswürdigkeit, schaffen sie damit auch ein Klima, in dem Machtkämpfe und interne Machenschaften wenig Nährboden finden. Solch ein Klima wiederum steigert die Produktivität und verleiht Mitarbeitern das Vertrauen, Herausforderungen anzunehmen.

Voraussetzung dafür, seine impulsiven Reaktionen zu beherrschen, ist Selbsterkenntnis. Bin ich jedes Mal erneut überrascht über den Zorn, die Trauer oder die Angst, die mich in bestimmten Situationen überfällt, werde ich mehr schlecht als recht mit diesen Emotionen umgehen können und mich zu impulsiven Handlungen hinreißen lassen. Vermögen es diese Gefühle allerdings nicht mehr, mich kalt zu erwischen bzw. kann ich sie bestenfalls sogar vorhersagen, gewinne ich Zeit, sie zu ordnen und mein Verhalten kontrolliert zu steuern. Damit beginnt Selbststeuerung im Zentrum meines Selbst – bei meinen Bedürfnissen.

## Die Rolle von Bedürfnissen bei der Selbstkontrolle

Wir kennen es aus vielen Lebensbereichen und es gilt auch hier: Vorsorge ist besser als Nachsorge. Den meisten impulsiven Handlungen geht ein persönliches Mangelerleben voraus. Wird eines unserer Bedürfnisse zu einem großen Teil nicht befriedigt, nehmen selbstkompetente Menschen diese Situation als Herausforderung an (vgl. Abb. 6). Ihre Selbstkompetenz verhindert Überforderung und lässt sie Situation ruhig und kontrolliert einschätzen. Sie akzeptieren dieses Mangelerleben und versuchen noch einmal, selbst oder mithilfe anderer durch einen Kompromiss, durch eine Delegation oder einen Konsens auszugleichen. Wesentlich ist, dass selbstkompetente Menschen ihre Selbststeuerung dabei in der Regel nicht verlieren. Und erfreulich ist, dass es diesen Menschen gelingt, in einen Flow-Zustand zu kommen (vgl. Kap. 6.1 Intrinsische Motivation) und damit eine Spirale ins Positive freizusetzen. Allerdings möchte ich darauf hinweisen, dass natürlich auch selbstkompetente Menschen ihre Selbststeuerung unter bestimmten Umständen verlieren können. Einer dieser Umstände wäre etwa ein Schicksalsschlag oder im beruflichen Kontext ein unvorhergesehenes negatives Ereignis wie zum Beispiel eine plötzliche Kündigung. Aber auch in diesen schwierigen Umständen ist jegliche Form der Selbstkompetenz nur förderlich, da sie dazu beitragen kann, diese Rückschläge zu überwinden (mehr dazu im Kap. 7.4 Selbstführung und Resilienz).

Anders reagieren Menschen, denen diese Reife fehlt. Auch sie nehmen das Mangelerleben wahr, wenngleich auch eher indirekt als direkt wie ihr selbstkompetentes Gegenüber. Sie sind nicht im gleichen Maße in der Lage, ihre Gefühle einem Mangelerlebnis bzw. einem unbefriedigten Bedürfnis zuzuordnen. Stattdessen verspüren sie eine allgemeine Überforderung und reagieren mit Flucht, Abwehr und Verteidigung, Angriff, Erstarren, Unterwerfung, Dominanz oder Imponieren. All diese Reaktionen sind in den meisten Fällen wenig förderlich – weder dafür, um das eigene Mangelerleben zu erkennen und auszugleichen, noch dafür, ein wohlwollendes Miteinander aufrechtzuerhalten. Vielmehr ist das Ergebnis verlorener Ich-Steuerung eine Ohnmacht und Überforderung, die zumeist von Kränkungen, Frustration, offenem Konflikt oder völliger Aufgabe gekennzeichnet ist.

Am bedauerlichsten wird dieses Phänomen bei manchen Verbrechen sichtbar: Täter, die völlig außer Kontrolle in einer Situation emotionaler Explosion, bei der im Gehirn der Ausnahmezustand verhängt wird, ein Verbrechen begehen. In abgeschwächter Form erleben wahrscheinlich alle von uns – als Täter oder Opfer – diese neuralen Entgleisungen. Sie passieren immer dann, wenn wir unsere Mitmenschen verbal attackieren und hinterher oft nicht mehr wirklich wissen, warum wir in diesem Moment so reagiert haben. *VUKA wirbelt wie ein Sturm in der digitalen Arbeitswelt. Der Mensch bewegt sich in einer permanenten Herausforderungszone. Ob er erfolgreich für sich und seine Bedürfnisse eintreten kann oder ohnmächtig zum Spielball wird, hängt nicht zuletzt von seinen Kompetenzen ab.*

Abb. 6: Umsetzungskompetenz – eine Summe mehrerer Faktoren
(Quelle: www.willenskraft.net, überarbeitet und erweitert durch den Autor)

## Warum grundlegende Bedürfnisse befriedigt sein müssen, damit wir überhaupt agil arbeiten können

Maslow mag für manche verstaubt und überholt sein – in Zeiten von VUKA, Agilität und New Work gewinnt seine Theorie hierarchischer Bedürfnisse allerdings wieder an Relevanz. Maslow unterteilte seine Bedürfnisse in grundlegende Defizitbedürfnisse und darauf aufbauenden Wachstumsbedürfnissen (siehe Abb. 7). Erste sind Bedürfnisse nach physischer Grundversorgung, persönlicher Sicherheit und sozialen Beziehungen. Werden sie nicht erfüllt, nimmt sie der Betroffene als Mangelerscheinung war. Mangelerscheinungen, so wurde es auch von Mihaly Csíkszentmihályis Flow-Theorie indirekt bestätigt, halten uns davon ab, eigenverantwortlich nach dem besten Ergebnis zu streben, Engagement zu zeigen, Verantwortung zu übernehmen und richtig gute Ergebnisse zu erzielen. Am leistungsfähigsten ist der Mensch dann, wenn er das tut, was er tun will, gut tun kann, eine Sinnhaftigkeit in seiner Tätigkeit sieht und das Gefühl der Zugehörigkeit zum Unternehmen verspürt. Fritjhof Bergmann und seine New-Work-Bewegung haben darauf reagiert und stellen den Menschen und seine Bedürfnisse in das Zentrum von Prozessen und Strukturen. *Sie respektieren das Bedürfnis von Menschen nach Anerkennung und Zugehörigkeit, nach Selbstbestimmung und Sinnhaftigkeit und wissen, dass sie im Gegenzug dazu auch etwas zu erwarten haben: nämlich Engagement, Leistungsfähigkeit und Nachhaltigkeit.*

All das, was Bergmann und Co. hier in Bewegung bringen wollen, sind Maslows Wachstumsbedürfnisse. Maslow beschreibt diese als das Bedürfnis zur Selbstverwirklichung, das mit dem Wunsch zur Weiterentwicklung seines Selbst einhergeht. Umgelegt auf eine Arbeitssituation, würde ein Arbeitnehmer, dessen Grundbedürfnisse nach Anerkennung und Zugehörigkeit, nach Selbstbestimmung und Sinnhaftigkeit erfüllt sind und der auf der Stufe der Selbstverwirklichung steht, von sich aus nach Weiterentwicklung streben, Engagement zeigen, Loyalität verspüren und damit auch sehr leistungsfähig sein (siehe Abb. 7).

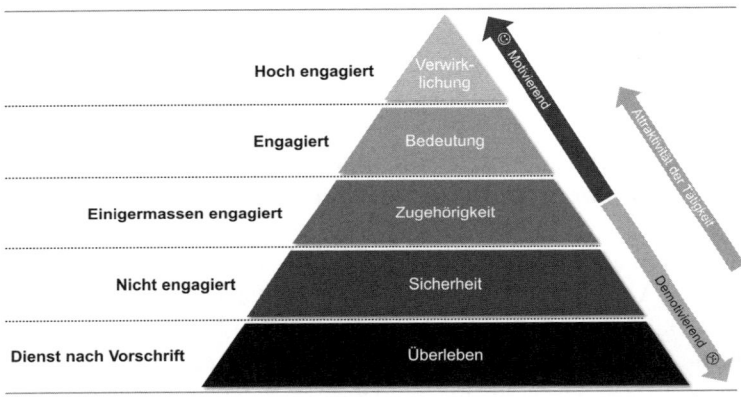

Abb. 7: Die Bedürfnispyramide nach Maslow und ihr Zusammenhang mit Mitarbeiterengagement (Quelle: https://karrierebibel.de/beduerfnispyramide-maslow/, erweitert vom Autor)

Maslows wie auch Csíkszentmihályis Theorien unterstreichen für mich die Bedeutung von Bedürfnissen. Sie wahrzunehmen ist Aufgabe der Selbsterkenntnis. *Ihre Befriedigung selbst zu steuern bzw. für ihre Befriedigung zu sorgen und den Mut aufzubringen, auch mal aktiv in die Herausforderungszone zu treten, sind für mich die wesentlichen Parameter eines STABILEN ICHS.* Sie tragen wesentlich dazu bei, als souveräne und vertrauenswürdige Person wahrgenommen zu werden, und sind entscheidend für die Beziehungsfähigkeit von Menschen. Zu guter Letzt aber sind sie Voraussetzung dafür, um in einem höchst dynamischen Kontext innere Stabilität zu entwickeln und letzten Endes agil arbeiten zu können.

# Umsetzungskompetenz

Der renommierte Psychologe Daniel Goleman hat kurz vor der Jahrtausendwende das damals revolutionäre und mittlerweile höchst anerkannte Konzept der Emotionalen Intelligenz geschaffen. Er konnte in seinen Studien nachweisen, dass Emotionale Intelligenz doppelt so wichtig wie jede andere Fähigkeit ist, um als Führungskraft erfolgreich zu sein. Drei Komponenten der Emotionalen Intelligenz haben wir in den vergangenen Kapiteln behandelt: Selbsterkenntnis, Selbststeuerung und Motivation (Goleman 2004).

Für mich persönlich stellen diese drei Fähigkeiten darüber hinaus insbesondere jene grundsätzlichen Komponenten dar, die uns in einem dynamischen Kontext jene Stabilität verleihen sollen, damit wir überhaupt agil handeln können. Wir stützen uns dabei auf die These, dass agiles Arbeiten reifes Arbeiten bedeutet und folglich auch eine reife Persönlichkeit im Arbeitsumfeld voraussetzt.

Unter einer reifen Persönlichkeit wird in diesem Buch das STABILE ICH verstanden, das seine Stärken und Schwächen gut einschätzen, seine Gefühle ernst nehmen und zuordnen kann, ohne sich von ihnen überwältigen zu lassen, und aus einer inneren Motivation heraus Leistung erbringt. Ein STABILES ICH ist weitgehend selbstsicher und zufrieden. Es strahlt Souveränität und Authentizität aus.

Selbstverständlich erfordert agiles Arbeiten noch weitere Fähigkeiten – sowohl auf persönlicher als auch auf sozialer Ebene. Letztere werden im Kapitel 5 näher beschrieben. In diesem Kapitel möchte ich mich noch zwei weiteren persönlichen Kompetenzen widmen, die meines Erachtens für das erfolgreiche agile Arbeiten ähnlich bedeutsam sind wie die Entwicklung der Selbstkompetenz. Sie sind vor allem für die Erhaltung der Selbstkompetenz in einem dynamischen Umfeld von Bedeutung. *Erst mit diesen ergänzenden persönlichen Kompetenzen kann sich die selbstkompetente, reife Persönlich-*

*keit zum agilen Akteur, zum AGILEN ICH auch in VUKA-Zeiten*
*dauerhaft entwickeln. Es sind dies die Umsetzungskompetenz, die*
*Entscheidungskompetenz und die Resilienz.*

## Umsetzungskompetenz – DER Top-Skill dieses Jahrhunderts

*»Wir haben wenige Planungsriesen und viele Umsetzungszwerge!«*, sagte mir einmal ein ehemaliger Chef. Er ist heute einer der Topmanager in der Österreichischen Industrie. Diese Einschätzung bestätigen viele Experten, welche die Fähigkeit, Ziele und Motive in Resultate umzusetzen, zur Top-Skill des Jahrhunderts gekürt haben und nicht das visionäre oder charismatische Potenzial von Führungskräften (vgl. Pelz 2017, S. 119). Die häufig als Volition bezeichnete Fähigkeit, »Motive, Gedanken, Gefühle, Impulse und Handlungen so zu steuern, dass Menschen ihre Ziele auf eine effiziente Art und Weise erreichen«, wird nicht mehr als Nummer-1-Anforderung für Führungskräfte, sondern auch als ausschlaggebend für das persönliche Vorankommen gehandelt (Pelz 2017, S. 106). Laut Studien besteht ein unmittelbarer Zusammenhang zwischen wirtschaftlichem bzw. persönlichem Erfolg und der Umsetzungskompetenz. Personen mit einer hoch eingestuften Umsetzungskompetenz verdienen demnach im Schnitt mehr als jene, die zaudern, hyperaktiv allen Aufgaben hinterherlaufen, zu viele Dinge gleichzeitig lostreten oder sich immer wieder verzetteln (vgl. Pelz 2017). Denkt man darüber nach, scheint das wenig verwunderlich: Wodurch generieren Sie in Ihrem Leben wirtschaftlichen Nutzen? Nur durch erreichte Ziele. Sind Sie auch der größte Visionär, aber verstehen es nicht, die Dinge auf den Boden zu bringen, werden Sie weniger erfolgreich sein als jemand, dessen Innovationsgeist und visionärer Blick nicht so weit reichen, der es allerdings versteht, seine Handlungen und Emotionen so zu lenken, dass am Ende etwas herauskommt. Im Kontext des agilen Arbeitens erlangt diese Kompetenz zusätzliche Bedeutung: Agiles Arbeiten erfordert permanentes Liefern von Ergebnissen: Inkremente werden in kurzen Sprintzyklen dem Product Owner und den Stakeholdern vorgestellt, im Daily Scrum wird täglich der Fortschritt überprüft und Hindernisse werden sofort zur Sprache gebracht. Agiles Arbeiten schafft

vollkommene Transparenz – wer hier nichts weiterbringt, kann sich nicht unter dem Deckmantel allgemeiner Geschäftigkeit verstecken. *Damit Sie agil arbeiten können, müssen Sie ein Umsetzer sein!*

Dass das keine Selbstverständlichkeit ist, weder im Persönlichen noch im Beruflichen, weder auf Mitarbeiter- noch auf Führungsebene, zeigen Erfahrungen in Studien: Forscher der London Business School und der Universität St. Gallen wiesen darauf hin, dass nur wenige Führungskräfte diese Kompetenz in ausreichendem Ausmaß mitbringen: »Nur zehn Prozent der Führungskräfte verfügen über die geforderten Umsetzungskompetenzen, während rund 40 Prozent extrem fleißig bis hyperaktiv, aber erfolg- bzw. wirkungslos sind und die übrigen 50 Prozent als zaudernd oder distanziert gelten. Unternehmerisch wichtige Aufgaben schieben sie vor sich her. Stattdessen sind sie ständig damit beschäftigt, Fehler vermeiden zu wollen« (Pelz, 2010). Das Ergebnis kennen wir alle: Unternehmen, die Veränderungen wie am Fließband initiieren, sie allerdings nie wirklich zu Ende bringen. Führungskräfte, deren gesetzte Ziele in Wahrheit immer die ihrer Vorgesetzten sind und die ihren Kurs permanent vom politischen Wind des Unternehmens abhängig machen. Und Mitarbeiter, die aufgehört haben, sich unternehmerisch zu engagieren, weil heute Gesagtes schon morgen nicht mehr gilt und wiederholt mühevoll Erreichtes durch politische Entscheidungen zunichte gemacht wurde. *Mangelnde Umsetzungskompetenz ist nicht nur teuer, sondern auch kulturell fatal und in Zeiten von Agilität schlichtweg ein Disqualifikationskriterium.* Oder wie sonst, wenn nicht mit Umsetzungskompetenz, wollen Sie Ergebnisorientierung und Effizienz sicherstellen?


## Volition ist nicht Motivation

Und doch kennen wir es alle: Wir scheinen Dinge wirklich zu wollen, beginnen ihre Umsetzung mit viel Tatendrang und hoher Motivation und bringen sie irgendwie nie auf den Boden. Das mag natürlich zum einen daran liegen, dass unsere Selbsterkenntnis, also das Wissen um unsere Stärken und Schwächen und um unsere intrinsische Motivation, nicht ausreichend ausgeprägt ist. Manche Menschen tendieren dazu, auf jeden Trend aufzuspringen, Feuer und Flamme dafür zu sein, ohne sich wirklich zu fragen, ob sie die dafür notwendigen Fähigkeiten mitbringen oder es mit ihrer mittel- oder längerfristigen Lebensplanung übereinstimmt. Anderen wiederum scheint einfach der Biss zu fehlen. Sie scheinen sehr talentiert, haben Erfolg, solange keine wesentliche Anstrengung von ihnen gefordert wird, lassen nach, sobald dies der Fall ist, und werfen daraufhin schnell das Handtuch.

Das Verhältnis von Anstrengung und Resultat nannte der deutsche Arzt und Psychologe Narziß Arch den Wirkungsgrad des Wollens. Für Narziß war dies auch gleichzeitig seine Definition von Erfolg: Es war die Verwirklichung dessen, was wir angesichts innerer und äußerer Widerstände wollen. Seiner Definition zugrunde lagen Untersuchungen, die deutlich machten, dass »im Test gemessene Leistungsmotivation nicht viel mit der tatsächlich erbrachten Leistung zu tun hatte« (Pelz 2017, S. 106).

Sie bestätigt damit genau das, was wir im Alltag beobachten: talentierte Menschen, die letzten Endes zu weniger Erfolg kommen als weniger talentierte mit einer ausgeprägten Willenskraft. So scheint es auch außerhalb des akademischen Diskurses sinnvoll, sich des Unterschieds zwischen Motivation und Volition bewusst zu sein – braucht es doch beides, um wirkungsvoll und erfolgreich sein zu können: *die Motivation als den Antrieb, die Handlungsbereitschaft, als das Feuer dahinter, und Volition als die Fähigkeit, die Prozesse zur Zielerreichung zu gestalten.*

## Umsetzungskompetenz – agile Anpassungsfähigkeit im VUKA

*Um umsetzungsstark zu sein, reicht es nicht aus, motiviert zu sein.* Auch der sture Wille, das Ding auf den Boden zu bringen, wird langfristig nicht zum Erfolg führen. Wie Abbildung 8 zeigt, ist wahre Umsetzungskompetenz eine Summe mehrerer Faktoren, die den durch Motivation genährten Antrieb gleichermaßen benötigt wie die Fähigkeit, den Prozess der Zielerreichung entsprechend zu gestalten. Diese Gestaltung meint bewusste Entscheidungen, bestimmte Motive weiterzuverfolgen oder fallenzulassen, die Bildung von Absichten und

Zielen, die Auswahl und Planung von den Zielen dienlichen Aktionen, Selbstkontrolle, Emotions- und Stimmungsmanagement bis hin zur Erfolgskontrolle und Rückbestätigung der getroffenen Entscheidungen und Aktionen (vgl. Pelz 2017, S. 107).

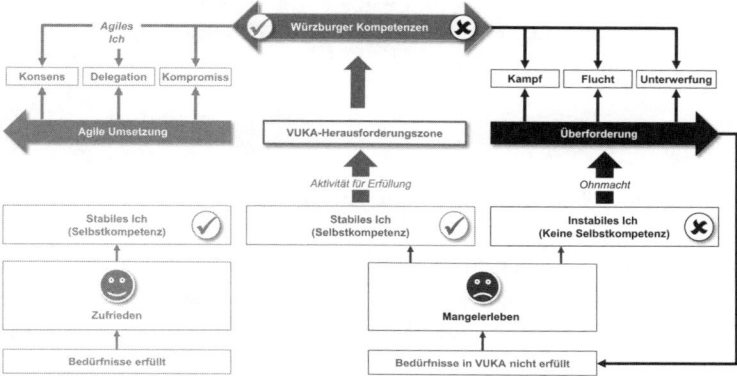

Abb. 8: Die Wege von Bedürfnissen im digitalen Sturm (Rechte beim Autor)

All diese Fähigkeiten setzen Kompetenzen voraus, die sich im STABILEN ICH vereinen:

- Ich weiß um meine Stärken und Schwächen und bin daher auch im Hinblick auf meine Kompetenzen selbstbewusst.

- Dies wiederum hilft mir dabei, Probleme zu bewältigen, die richtigen Dinge zu tun und diese Dinge auch richtig zu tun – kurz: Durchhaltevermögen zu beweisen.

- Ich habe klare Ziele – daher fällt es mir auch leichter, an deren konkreter Umsetzung zu arbeiten.

- Ich anerkenne meine Bedürfnisse und Gefühle, verstehe sie allerdings so zu lenken, dass sie meinem Ziel dienlich sind.

- Je mehr ich im Einklang mit mir selbst bin, desto ausgeglichener und zufriedener bin ich.

*So beginnt auch die Reise zur Umsetzungskompetenz letzten Endes bei meinem Potenzial* (siehe Würzburger Kompetenzmodell, Abb. 4, Kapitel 5). Das STABILE ICH gibt uns die nötige Stabilität, um unsere Arbeit auf Wirksamkeit zu untersuchen und Feedback und Reflexion anderer annehmen zu können.

*Um in der VUKA-Welt von heute als AGILES ICH agieren zu können, benötige ich noch weitere Key Skills,* wie im Würzburger Kompetenzmodell dargestellt. Sie wappnen mich für eine höchst dynamische VUKA-Umwelt, die uns permanent mit Herausforderungen konfrontiert (vergleiche Abbildung 6).

## Willenskraft ist eine endliche Ressource

Lange Zeit galt Willenskraft als eine Charaktereigenschaft, die man entweder besaß oder eben nicht. Eventuell konnte sie noch durch gute Vorbilder in der frühen Sozialisation gestärkt werden – im Grunde war man aber willensstark geboren oder nicht. Heute weiß man, dass – wie bei vielen Dingen – eine bestimmte genetische oder durch Sozialisierung geprägte Prädisposition mitgestaltend ist, Willenskraft aber im Endeffekt erlern- und steigerbar ist. Willenskraft ist vergleichbar mit einem Muskel, der sich bei intensivem Training aufbauen kann. Wie dieser Aufbau allerdings passiert, dafür gibt es im Unterschied zu den wirklichen Muskeln, die mit einem gezielten Trainingsplan im Fitnessstudio kraftvoller werden, keinen einheitlichen Trainingsplan für den »Muskel Willenskraft«. Als generell förderlich haben sich jedoch folgende Verhaltensweisen erwiesen:

- Willensstarke Menschen sind sich ihrer Werte bewusst. Sie wenden regelmäßig Zeit dafür auf, sich ihrer Werte zu besinnen und ihr Verhalten mit diesen abzugleichen.

- Willensstarke Menschen haben eine Vision. Daran halten sie fest, darauf steuern sie zu. Geld, Status, Anerkennung sind Konsequenzen ihrer Umsetzungskompetenz, aber niemals Antrieb ihres Handelns.

- Willensstarke Menschen sind vorausschauend. Sie wissen, dass ihr Handeln ihre Zukunft beeinflusst. Sie fühlen sich dementsprechend verantwortlich für ihre Situation und vermeiden Opferrollen. Statt-

dessen versuchen sie, bewusst zu handeln und nachhaltige Entscheidungen zu treffen.

So wie sich der »Muskel Willenskraft« trainieren lässt, so ermüdet er auch bei intensiver Nutzung. Häufig wird Willenskraft als ein unendliches Reservoir verstanden, das bei entsprechender Disziplin unerschöpflich wäre. Dem ist nicht so – im Gegenteil. *Unser Reservoir an Willenskraft zapfen wir bei Aufgaben und insbesondere bei Entscheidungen unterschiedlicher Art an.* Wenn wir bereits am Morgen sämtliche Entscheidungen über die Auswahl unserer Kleidung, die Art des Frühstücks, die Auswahl des Transportmittels etc. treffen müssen, brauchen wir für jede dieser Entscheidungen – egal ob schwerwiegend oder trivial – Energie und zapfen unser Reservoir der Willenskraft an (vgl. Bensmann 2018, S. 26). Aus diesem Grund kann es energiesparend sein, Routinen zu schaffen, die keine Entscheidungen notwendig machen. Darüber hinaus sollten wir uns bewusst sein, dass wir das Reservoir Willenskraft auch wieder aufladen müssen, anstelle es permanent nur anzuzapfen. Nachfolgend sind Verhaltensweisen angeführt, die Willenskraft sowohl zu stärken als auch zu verbrauchen.

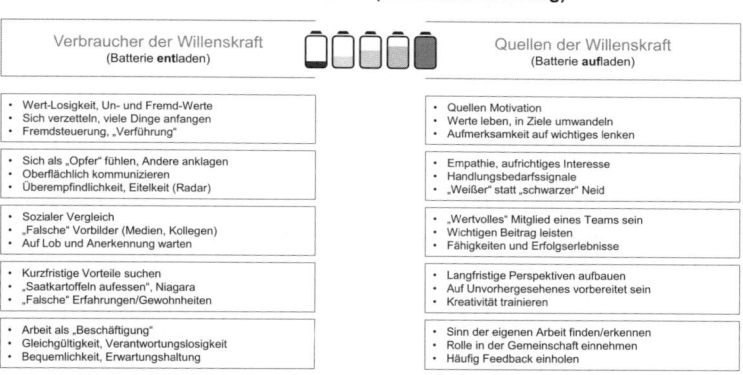

**Willenskraft trainieren (Verhaltensänderung)**

| Verbraucher der Willenskraft (Batterie **entladen**) | Quellen der Willenskraft (Batterie **aufladen**) |
|---|---|
| • Wert-Losigkeit, Un- und Fremd-Werte<br>• Sich verzetteln, viele Dinge anfangen<br>• Fremdsteuerung, „Verführung" | • Quellen Motivation<br>• Werte leben, in Ziele umwandeln<br>• Aufmerksamkeit auf wichtiges lenken |
| • Sich als „Opfer" fühlen, Andere anklagen<br>• Oberflächlich kommunizieren<br>• Überempfindlichkeit, Eitelkeit (Radar) | • Empathie, aufrichtiges Interesse<br>• Handlungsbedarfsignale<br>• „Weißer" statt „schwarzer" Neid |
| • Sozialer Vergleich<br>• „Falsche" Vorbilder (Medien, Kollegen)<br>• Auf Lob und Anerkennung warten | • „Wertvolles" Mitglied eines Teams sein<br>• Wichtigen Beitrag leisten<br>• Fähigkeiten und Erfolgserlebnisse |
| • Kurzfristige Vorteile suchen<br>• „Saatkartoffeln aufessen", Niagara<br>• „Falsche" Erfahrungen/Gewohnheiten | • Langfristige Perspektiven aufbauen<br>• Auf Unvorhergesehenes vorbereitet sein<br>• Kreativität trainieren |
| • Arbeit als „Beschäftigung"<br>• Gleichgültigkeit, Verantwortungslosigkeit<br>• Bequemlichkeit, Erwartungshaltung | • Sinn der eigenen Arbeit finden/erkennen<br>• Rolle in der Gemeinschaft einnehmen<br>• Häufig Feedback einholen |

Abb. 9: Willenskraft – eine endliche Ressource
(Quelle: http://www.management-innovation.com/download/
Umsetzungskompetenz-Forschungsbericht.pdf)

# Entscheidungsfähigkeit

*Je mehr Unternehmen und Teams selbstorganisiert agieren wollen, desto wesentlicher ist Entscheidungsfähigkeit für den Einzelnen.* Auch wenn wir permanent entscheiden – im privaten oder beruflichen Kontext, in Beziehungs- oder Lebensfragen, bei der Erziehung und im Umgang mit unseren Kindern oder auch nur bei der Auswahl unseres Mittagsmenüs –, sind wir ganz offensichtlich keine Meister guter Entscheidungen. Viele Menschen treffen wenig intelligente Entscheidungen. »Die Realität ist, dass wichtige Entscheidungen von intelligenten, verantwortungsvollen Personen, ausgestattet mit umfangreicher Information und mit besten Absichten, häufig fehlerhaft sind«, so Experten (Campbell et al. 2009). Wo müssen wir also dann ansetzen, wenn es um Entscheidungsfähigkeit geht, wenn Intelligenz, Absichten, der Informationsstand oder das Verantwortungsbewusstsein nicht ausreichende Schlüssel sind? Was hindert uns daran, gute Entscheidungen zu treffen?

## Kluge Entscheidungen

Geht es nach der Lehre des »rationalen Handelns«, dann würden kluge Entscheidungen dann entstehen, wenn wir uns in unseren Entscheidungsprozessen immer von Verstand und Vernunft leiten lassen. Der ausschließlich rational denkende Mensch in der Wirtschaft, der Homo oeconomicus, stellt dafür eine Kosten-Nutzen-Rechnung an, in der er sich vom Prinzip der Gewinnmaximierung leiten lässt. Beschließt der Homo oeconomicus zum Beispiel, sich ein Auto zu kaufen, wird er gemäß seinem Verhaltensprinzip nicht nur den erstbesten Händler aufsuchen und gleich zuschlagen, sondern sich ausführlich über mögliche Produkte, deren Vor- und Nachteile informieren und diese auf seine Bedürfnisse hin abwägen. Womöglich haben auch Sie schon einmal den Prozess eines Neuwagenerwerbs so begonnen – sich dann

im Endeffekt nicht für die rational gesehen beste Variante entschieden, sondern doch für den Händler ums Eck, weil er Ihnen am vertrauenswürdigsten erschienen ist.

Psychologen und Neurologen erklären dieses Verhalten damit, dass unsere Ratio sehr schnell damit überfordert ist, ausschließlich rationale Entscheidungen zu treffen. In den meisten Fällen können wir weder alles wissen, sprich, wir kennen nicht alle verfügbaren Automodelle, noch alles berechnen. Eine exakte Kosten-Nutzen-Rechnung für alle verfügbaren Automodelle inklusive aller Wahrscheinlichkeiten ist schlichtweg unmöglich. Und so bedienen wir uns sogenannter Entscheidungsheuristiken, die uns zum Beispiel auf Basis unserer Erfahrungen zu vermeintlich guten Entscheidungen kommen lassen. Darum der Autohändler ums Eck: Mein Schwager kennt ihn persönlich und Volkswagen fahren wir außerdem in unserer Familie schon seit Generationen.

Darüber hinaus stellt sich die berechtigte Frage, wie viel der reine Verstand bei Entscheidungsprozessen denn überhaupt zu sagen hat. Er spiele eine begrenzte Rolle, sagt der Hirnforscher Gerhard Roth. »Entscheidungen sind häufig von Faktoren bestimmt, die überhaupt nichts mit Rationalität im üblichen Sinne zu tun haben, sondern mit Emotionen, die traditionell als Gegner der Rationalität angesehen werden«, so Roth (2007, S. 229). Die Vernunft kann nämlich erst, wie in Abbildung 10 dargestellt, nach einem Emotionsfilter eingreifen. Erst dann kann die Ratio das tun, was sie gut kann, nämlich Vor- und Nachteile abwägen und die bestmögliche Entscheidung fällen. Ohne Zweifel sind Manager und Führungskräfte im digitalen Zeitalter gefordert auf Daten in der Analyse und deren Auswertung zurückgreifen zu können. Den vorgeschalteten Emotionsfilter aber benötigt auch der homo digitalis, weil es ihn allein überfordern würde, alle Varianten, Risiken und Wahrscheinlichkeiten zu erfassen.

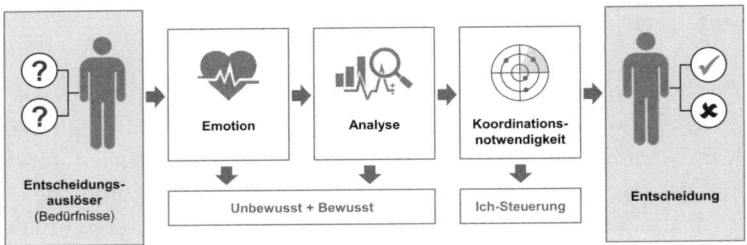

Abb 10: Wie Entscheidungen zustande kommen; Rechte beim Autor

Einer, der sich mit der Rolle von Emotionen in Entscheidungsprozessen eingehend befasste, ist der portugiesische Neurowissenschaftler António Damásio. Er konnte in Untersuchungen aufzeigen: »Ein Mensch, der seine Emotionen nicht wahrnimmt, trifft schlechtere Entscheidungen als ein Mensch, der seine Emotionen wahrnimmt« (Storch 2011, S. 48). Damásio erkannte dieses Phänomen an einem seiner Patienten, Phineas Gage, dessen Großhirnrinde bei einem tragischen Unfall schwer verletzt worden war. Gage überlebte diesen Unfall körperlich erstaunlich gut. Was sich allerdings deutlich zum Negativen verwandelt hatte, war seine Persönlichkeit. »Nach dem Unfall war er nicht mehr der zuverlässige und besonnene Mann. (…) Phineas Gage war nicht mehr in der Lage, vernünftige Entscheidungen zu treffen. Die Entscheidungen, die er traf, wirkten sich meistens zu seinem Nachteil aus« (Storch 2011, S. 46). Der Unfall hatte in Phineas Gages Gehirn jenen Teil beeinträchtigt und zum Teil zerstört, der für die Entstehung von Emotionen mitverantwortlich ist. Dementsprechend konnte Gage auch keinerlei Emotionen in seinen Entscheidungsprozessen berücksichtigen – und fällte Entscheidungen, die sich als wenig förderlich herausstellten.

Eine ähnliche Beeinträchtigung bei Entscheidungsprozessen erleben Menschen, deren eigene Körperwahrnehmung gestört ist. Menschen, denen es nicht möglich ist, ihre körperliche Verfassung richtig einzuschätzen, zeigen dieselbe Unfähigkeit, angemessene Entscheidungen zu treffen, wie Phineas Gage (vgl. Storch 2011, S. 51). Fassen wir also zusammen: Emotionen und Körpersignale sind für kluge Entscheidungen unentbehrlich!

Folglich kann Selbsterkenntnis, wie in Kap. 6.2 beschrieben, als ein wesentlicher Faktor betrachtet werden, um gute Entscheidungen treffen zu können.

## Was hindert uns daran, kluge Entscheidungen zu treffen?

In den meisten Fällen funktioniert unser System zur Entscheidungsfindung erstaunlich gut: Wir suchen uns einige wenige herausragende Merkmale, auf deren Basis wir unsere Entscheidungen treffen. Zum Problem wird diese Methode allerdings dann, wenn die Auswahl und Bewertung dieser wenigen Merkmale bereits voreingenommen passiert. Experten identifizieren hier sogenannte »Red Flag Conditions«, die Entscheidungsprozesse beeinflussen können und kluge Entscheidungen verhindern:

- Eigeninteresse, wo Objektivität herrschen sollte: Eigeninteresse bewertet die Dinge, die wir wahrnehmen, und beeinflusst so unsere Entscheidungsfindung.

- Emotionale Verbundenheit mit Personen, Orten oder Dingen können Entscheidungsprozesse beeinflussen, indem wir zum Beispiel jemanden einstellen, den wir aus der Schulzeit kennen, auch wenn seine Qualifikation nicht 100 % entspricht.

- Persönliche Erinnerungen, die – wie jegliche Erinnerungen –, durch den persönlichen Emotionsfilter gefärbt sind. Während diese Erfahrungen in vielen Dingen hilfreich für Entscheidungen sein können, bergen sie gleichzeitig die Gefahr, neue oder andere Wege nicht objektiv und gleichwertig zu betrachten (Campbell et al. 2009).

*Zumeist stellen sich diese Hindernisse kluger Entscheidungen uns nicht offensichtlich in den Weg. Wir entdecken sie nur dann, wenn wir genau hinsehen und ein bestimmtes Maß an Selbstwahrnehmung besitzen.* Ohne diese haben wir keine Chance, unangebrachte Eigeninteressen, irreführende emotionale Verbundenheit oder irrelevante persönliche Erinnerungen zu identifizieren. Die gleiche Voraussetzung gilt für die Berücksichtigung von Emotionen und Körpersignalen bei Entscheidungsprozessen. Wie wollen Sie das anstellen, wenn Sie Ihre Gefühle überfordern und Sie Ihre Körpersignale nicht deuten können? *Auch hier gilt: der Weg zum aktiven Teilnehmer in der digitalen Transformation mit der Fähigkeit, kluge Entscheidungen zu treffen, führt über das eigene Selbst.*

## Literatur

Bensmann, Burkhard (2018): Wirksam handeln durch Selbstführung. In turbulenten Zeiten die eigene Vision finden, Ziele setzen und Ausgleich erleben. BoD, Norderstedt.

Campbell, Andrew, et al. (2017): Making Smart Decisions. In: HBR Guide to Emotional Intelligence, Boston, Harvard Business Review Press, Boston, S. 195-202.

Czaja, Wojciech (2018): New Work. Tun, was man wirklich, wirklich will. In: der Standard, 02.06.2018, Aufgerufen am 12.07.18, https://derstandard.at/2000080542640/New-WorkTun-was-man-wirklich-wirklich-will

Gallup Inc. (2017): Engagement Index 2016. Pressemitteilung. Aufgerufen am 10.07.2018, https://www.gallup.de/183104/engagement-index-deutschland.aspx

Goleman, Daniel (2004): What makes a leader? In HBR 01/2004, Aufgerufen am 17.08.2018, https://hbr.org/2004/01/what-makes-a-leader

Pelz, Waldemar (2017): Umsetzungskompetenz als Schlüsselkompetenz für Führungspersönlichkeiten. In: Au, Corinna von (Hrsg.): Band 5: Führung im Zeitalter von Veränderung und Diversity. Springer Verlag, Berlin.

Pelz, Waldemar (2010): Volition. Die Fähigkeit zur Selbststeuerung – Teil 1. Aufgerufen am 20.10.2018. https://www.unternehmer.de/management-people-skills/91436-volition-die-fahigkeit-zur-selbststeuerung-teil-i

Pötzl, Norbert F.; Schreibner, Mathias (2009): Die Ratio allein bewegt überhaupt nichts. In: Spiegel Wissen 1/2009, aufgerufen am 12.07.18, http://magazin.spiegel.de/EpubDelivery/spiegel/pdf/65115053

Purps-Pardigol, Sebastian (2015): Führen mit Hirn. Mitarbeiter begeistern und Unternehmenserfolg steigern. Campus: Frankfurt.

Rheinberg, F. (2010) Intrinsische Motivation und Flow-Erleben. In: Heckhausen J., Heckhausen H. (eds.) Motivation und Handeln. Springer-Lehrbuch. Springer, Berlin, Heidelberg

Roth, Gerhard (2007): Persönlichkeit, Entscheidung, Verhalten. Warum es so schwierig ist, sich und andere zu verändern. Klett-Cotta, Stuttgart.

Storch, Maja (2011): Das Geheimnis kluger Entscheidungen. Von Bauchgefühl und Körpersignalen. Piper Taschenbuch.

# AGIL KOLLA-
# BORIEREN –
# SOZIALE
# KOMPETENZEN

# Kommunikationsfähigkeit

Ich komme spätabends müde, gereizt und hungrig von einem Drei-Tages-Training und einer mühsamen Autofahrt nach Hause. Mein Sohn ist noch beim Fußballtraining, meine Tochter sieht fern und meine Frau begrüßt mich mit einem flüchtigen Servus. Auch sie wirkt erschöpft und genervt – war wohl auch daheim ein anstrengender Tag. Sie stellt mir das Abendessen wortlos auf den Tisch. »Ah, wieder Toast«, denke ich mir und mache ein entsprechendes Gesicht, das womöglich auch meiner Frau nicht entgangen ist. »Gibt es dazu vielleicht auch einen deiner super Salate?«, bemühe ich mich daraufhin, mein Gesicht von vorhin wiedergutzumachen. Vergeblich. Ob ich denn glaubte, dass sie den ganzen Tag nur zum Kochen Zeit hätte, und ich wäre so und so nie da und so weiter und so fort. Den Rest der Unterhaltung können Sie sich denken. Meine Frau fühlte sich nicht wertgeschätzt und von mir kritisiert. Ich verstand die Welt nicht mehr und war nicht bereit, von meinem Standpunkt zu weichen, so etwas wohl noch fragen zu dürfen. Der Abend verlief entsprechend suboptimal. Wir hatten es wieder einmal geschafft, schlecht miteinander zu kommunizieren.

*Die Qualität einer Kommunikation lässt sich an ihrer Wirkung erkennen.* Mit Sätzen wie »Ich habe ja nur gesagt« können wir uns nicht aus der Verantwortung stehlen. Wenn Kommunikation schiefläuft – so wie an jenem Abend bei uns zu Hause –, dann unterschätzen zumeist beide Parteien die Wirkung ihrer Kommunikation auf unterschiedlichen Ebenen.

## Beim Kommunizieren reden wir nicht einfach nur

*Um auch im digitalen Umfeld erfolgreich kollaborieren zu können, ist es hilfreich, Kommunikation als solche zu verstehen.* Ein

Auszug von Watzlawicks Axiomen zur Kommunikation kann dabei unterstützen (Watzlawick 1967):

- **»Menschliche Kommunikation bedient sich digitaler und analoger Modalitäten.«** In Österreich sagen wir:»Durchs Reden kommen die Leut' z'samm – durchs Schreiben gehen sie auseinander.« Dieses Sprichwort bewahrheitet sich im Kontext des agilen Arbeitens wieder neu: Agile Arbeitsweisen zwingen Menschen zur regelmäßigen Kommunikation, was Zusammenarbeit und Kooperation fördert.

  **Fazit:** Je digitaler die Arbeitswelt wird, desto mehr analoge Modalitäten sollte unsere Kommunikation beinhalten.

- **»Man kann nicht nicht kommunizieren«:** Anstelle überrascht von dem emotionalen Ausbruch meiner Frau zu sein, hätte ich eigentlich wissen müssen, dass ich auch dann kommuniziere, wenn ich nichts sage: durch meine Mimik, meine Gestik, die Art und Weise, wie ich das Essen in Empfang nahm, und gerade dadurch, dass ich nicht sagte:»Danke, dass du dir bei all deinen Aufgaben Zeit genommen hast, etwas zu kochen!«

  **Fazit:** *Es kommt im digitalen Zeitalter immer weniger darauf an, was wer sagt, sondern wie es gesagt wird.*

- **»Jede Kommunikation besteht aus einem Inhalts- und einem Beziehungsaspekt, derart, dass Letzterer den Ersteren bestimmt.«** Wir tauschen nie ausschließlich sachlichen Inhalt aus. Unsere Kommunikation ist immer geprägt von unserer Beziehung. So auch in unserem Beispiel: Hätte jemand anders meiner Frau die Frage gestellt,»Gibt es auch einen deiner super Salate dazu?«, hätte sie sich wohl über das Lob für ihre Salate gefreut – in unserem Fall nahm sie es als Kritik wahr, keinen gemacht zu haben.

  **Fazit:** Im digitalen Zeitalter laufen wir Gefahr uns vieles digital unreflektiert mitzuteilen. Beziehungsfähigkeit beginnt aber im direkten Gespräch.

- **»Zwischenmenschliche Kommunikationsabläufe sind symmetrisch oder komplementär, je nachdem, ob die Beziehung zwischen den Partnern auf Gleichheit oder Unterschiedlichkeit beruht.«** Ungleichheit – z. B. durch Hierarchien in Unternehmen oder Rollen in Beziehungen – spiegelt sich in der Kommunikation wider. Kom-

munikation ist deshalb nie ganz neutral; in ihr schwingen immer Beziehungsaspekte mit. Diese Tatsache musste auch ich zu Beginn meiner Beratertätigkeit erst verinnerlichen. Während ich versucht war, meinen Kunden ganz und gar auf Augenhöhe zu begegnen, wurde mir nach und nach bewusst, dass meine Kunden eigentlich weniger mein Verständnis für Ihre Probleme, sondern viel mehr ganz klare Antworten und Ansagen erwarteten.

**Fazit**: *In einer Zeit, in der fremdgesteuerte Algorithmen unser Tun immer öfter bestimmen, sollten wir Menschen unsere sozialen Fähigkeiten stärken. Diese Kompetenzen umfassen nicht nur die allgemeine Professionalität in der Kommunikation, sondern auch die Konfliktfähigkeit in kritischen Situationen und die Vertrauensarbeit, um nachhaltig in Netzwerken kollaborieren zu können.*

Um erfolgreich kommunizieren zu können, müssen wir uns vor Augen halten, dass Kommunikation wesentlich mehr ist als die gesprochene Sprache und wir nicht nur dafür, sondern auch für unser Verhalten, das Nicht-Gesagte, unsere Mimik und Gestik etc. Verantwortung tragen. Das gilt selbstverständlich im privaten gleichermaßen wie im beruflichen Kontext. Insbesondere agile Arbeitsformen fordern ein hohes Maß an Kommunikation. Verhalten sich die involvierten Akteure dabei wenig selbstreflektiert, sind Missverständnissen Tür und Tor geöffnet. Funktionierende Kommunikation führt auch hier wieder über ein STABILES ICH – über ein ausreichendes Maß an Selbstwahrnehmung, um unser eigenes Verhalten einschätzen zu können, und über Selbstkontrolle, unsere Kommunikation auf der Sachebene zu halten. Das aktuell omnipräsente Credo, »Agilität verlangt Kommunikation auf Augenhöhe«, ist zwar gut gemeint, aber nicht so ganz einfach umsetzbar!

## Kommunizieren auf unterschiedlichen Ebenen, Hören mit unterschiedlichen Ohren

Kommunizieren ist nie nur gesprochene Sprache – und selbst diese enthält nie ausschließlich reine Sachinformationen. Zumeist ist es zwar diese Sachinformation, die wir zu transportieren versuchen, allerdings schwingen mit ihr immer noch weitere Informationen mit. Der Kommunikationswissenschaftler Schulz von Thun entwickelte dafür ein bekanntes Konzept, das davon ausgeht, dass es sowohl auf Sprecherseite als auch auf Hörerseite vier unterschiedliche Ebenen der Kommunikation gibt.

Auf Seite des Sprechers gibt es zum einen den Sachinhalt, über den er explizit informieren möchte. Darüber hinaus sendet er implizit oder explizit durch Ich-Botschaften Informationen über sich selbst. Auch der Beziehungsaspekt, »Was halte ich von dir und wie stehen wir zueinander?«, wird zumeist implizit transportiert. Zu guter Letzt ist Kommunikation in seltenen Fällen ausschließlich Information. Zumeist schwingt auch ein Appell mit – auch hier wiederum nicht immer direkt, sondern zumeist indirekt. Wozu möchte ich meinen Gesprächspartner veranlassen?

Ebenso vielschichtig verhält sich Kommunikation auf Empfängerseite. Auch dieser hört nicht nur die eigentliche Information auf der Sachebene, sondern darüber hinaus Informationen über die Persönlichkeit des Senders, ihre Beziehung zueinander und darüber, welchen Appell der Sender an ihn richtet. Wie auf Senderseite sind auch die Ohren der Empfänger unterschiedlich ausgeprägt. Während meine Frage nach einem Salat bei anderen Personen womöglich kaum eine Emotion hervorgerufen hätte, hörte das ausgeprägte Appellohr meiner Frau sofort eine Anweisung. So sind wir alle gemäß unserer Persönlichkeit und Geschichte auf bestimmten Ohren besonders sensibel und empfänglich. Gleiches gilt für die Senderseite: Meine Frau hätte wohl ein selbst gekochtes Abendessen von mir anders kommentiert. So gilt es herauszufinden, welche der vier Kategorien uns besonders auf der Zunge liegen bzw. auf welchem Ohr wir besonders sensibel hören.

Fassen wir also zusammen: Das Ziel unseres Kommunikationsverhaltens sollte sein, seine beabsichtigte Information so zu transportieren, dass der Gesprächspartner diese Information entweder versteht oder/ und etwas dazu beiträgt, das Problem zu lösen, die Situation zu verbessern etc. Dabei kommen wir selbstverständlich um unsere eigene subjektive Wahrnehmung und um die Gefühle, Empfindungen und Bedürfnisse unseres Gesprächspartners nicht herum. Es ist daher entscheidend, sich über die unterschiedlichen Ebenen seiner Botschaft im Klaren zu sein und sich so zu verhalten, dass sich das Gegenüber zumindest respektiert und wertgeschätzt fühlt.

*Diese Fähigkeit zum Perspektivenwechsel ist insbesondere im agilen Arbeiten notwendig. Wie sonst wollen Sie die Bedürfnisse des Kunden bestmöglich verstehen, sie bestenfalls erahnen, bevor er sie selbst verspürt, wenn Sie nicht in der Lage sind, sich in seine Situation zu versetzen?* Darüber hinaus fordert agiles Arbeiten ein hohes Maß an Zusammenarbeit, die auch nur mit professioneller Kommunikation funktionieren kann.

# Konfliktfähigkeit

Die Agilitätsbewegung versucht in vielen Bereichen, Arbeit wieder verstärkt auf die Sachebene zu heben und die Effizienz störende Dinge wie Machtansprüche, persönliche Befindlichkeiten und auch zwischenmenschliche Themen außen vor zu lassen. Dazu werden Hierarchien weitgehend abgebaut, um nicht dem System, sondern ausschließlich dem Ergebnis zu dienen. Dafür wird Macht im Sinne von Gestaltungs- und Entscheidungsfähigkeit weitgehend über Kompetenzen und weniger über Rollen definiert. Diese Rollen sind wiederum ausschließlich an das Ergebnis, allerdings nie an die Person gebunden. In der Theorie sind dies durchaus sinnvolle Maßnahmen, die Produktivität von arbeitenden Menschen zu erhöhen. Laut Studien ist der durchschnittliche Arbeiter nämlich nur ca. zwei Drittel seiner Arbeitszeit wirklich produktiv (Hofer 2016). Dass dafür nicht nur die eingeschränkte Leistungsfähigkeit unseres Gehirns, die laut Neurologen bei circa 25 Wochenstunden erschöpft ist, verantwortlich gemacht werden kann, wissen all jene, die schon ein paar Arbeitsjahre hinter sich haben.

## Agiles Arbeiten löst keine Konflikte – es macht sie sichtbar

Die Agilitätsbewegung geht in die richtige Richtung – schürt allerdings auch die falsch verstandene Hoffnung, dass mit agilem Arbeiten alle zwischenmenschlichen Probleme gelöst wären. Das ist definitiv nicht der Fall: Agile Methoden können durchaus präventiv für Konflikte nützlich sein, da sie strukturierte Kommunikation, Transparenz und Kooperation fördern. Agile Methoden lösen aber keine zwischenmenschlichen Probleme – sie machen sie allerdings besser sichtbar. Wie? Indem *neue Spannungsfelder und Konfliktpotenziale durch die vielfache Teamarbeit entstehen.* Konflikte haben unterschiedliche Ursachen (vgl. Glasl und Weeks 2008), S. 77 ff.):

- Zum Beispiel können neue Arbeitsweisen, insbesondere dann, wenn sie schlecht vorbereitet eingeführt werden, zur Nichtbeachtung von Bedürfnissen führen. Agiles Arbeiten bietet die Freiheit, weitgehend selbstorganisiert zu arbeiten und eigenständig zu entscheiden. Was als Mehrwert für viele gesehen wird, bedeutet für andere die Vernachlässigung ihres Bedürfnisses nach Planbarkeit und Orientierung.

- Auch Rollenträger mit ihren gewachsenen Arbeitsbeziehungen haben Bedürfnisse. War beispielsweise eine Beziehung zwischen zwei im gleichen Unternehmen arbeitenden Personen bis dato durch ihre (hierarchische) Position im Unternehmen geklärt, kann ein Wegfall dieser Strukturen eine äußerst schwierige Herausforderung für diese Beziehung sein. Wie geht man plötzlich miteinander um? Sind wir jetzt wirklich gleichgestellt? Kann ich ihm jetzt widersprechen? Nutze ich die gleiche Ebene aus, um Dinge loszuwerden, die ich immer schon sagen wollte? Oder tue ich mich schwer, damit umzugehen, dass mein ehemaliger Mitarbeiter nicht mehr einfach das tut, was ich sage?

- Unterschiedliche Wahrnehmungen haben oft Konfliktpotenzial. Wir haben bereits im Kapitel Kommunikationsfähigkeit davon gehört, wie vielschichtig Informationen gehört und kommuniziert werden. Ähnliches gilt für die Wahrnehmung von Dingen, Situationen, Menschen, etc. Eine Wahrnehmung ist immer subjektiv. Verschiedene Wahrnehmungen im Team führen zu verschiedenen Interpretationen und bergen daher automatisch höheres Konfliktpotenzial in sich und sind damit auch ein potenzieller Nährstoff für Teamkonflikte.

- Agiles Arbeiten verlangt den Perspektivenwechsel, den Kunden ins Zentrum seines Arbeitens zu stellen. Alles für den Kunden! Sich diesen Grundsatz immer wieder ins Gedächtnis zu rufen funktioniert wohl eher, wenn es sich um einen externen Kunden handelt. Was aber, wenn der Kunde ein interner Kunde ist? Wenn es sich dabei im weitesten Sinn um Kollegen handelt? Sind wir dann in der Lage, das Prinzip der optimalen Kundenorientierung umzusetzen?

Agiles Vorgehen bedeutet eine hundertprozentige Ergebnisorientierung – Budget oder Ressourcen bestimmen weniger das Vorgehen als Kundenerwartungen und Qualität. Dieser durchaus erstrebenswerte

Zugang funktioniert gut, solange ausreichend Ressourcen vorhanden sind. Was aber, wenn Ressourcen knapp werden?

- Auch wenn die Agilitätsbewegungen angestrengt versuchen, Machtansprüche in Unternehmen weitgehend auszubooten, ist Macht in zwischenmenschlichen Beziehungen immer gegenwärtig – in agilen Organisationen allerdings nicht mehr über Hierarchien, sondern über Kompetenzen. Das löst allerdings das Problem der Macht als einen grundlegenden Konfliktbestandteil nicht.

- Verfolgt man die Diskussion rund um die gegenwärtige Agilitätsbewegung, hört man den Ruf nach einem Agilen Mindset immer häufiger: Es reiche nicht mehr aus, einfach nur agile Arbeitsweisen einzuführen, gelebte Agilität verlange nach neuen Werten und Prinzipien. Wie die Vergangenheit zeigte, führen diese nämlich dann zu Konflikten, wenn keine Übereinstimmung über sie herrscht. »Auf eine weitere Art entstehen aus Werten Konflikte, wenn eine Partei die Tatsache nicht anerkennen will, dass eine bestimmte Idee, ein bestimmtes Ziel oder Verhalten für die andere Partei nicht nur eine Vorliebe darstellt, sondern tatsächlich einen Wert oder Grundsatz« (Glasl und Weeks 2008, S. 93). Dieses Phänomen konnte ich in zahlreichen Unternehmen beobachten: Agiles Arbeiten wird als Arbeitsweise in ersten Projekten eingeführt. Aufgrund ihres Erfolgs, versuchte man daraufhin, Agilität zum allgemeinen Mindset im Unternehmen zu machen – und das in erster Linie durch eine Überarbeitung des Unternehmensleitbildes und nicht durch gezielte und geförderte Weiterentwicklung der Belegschaft. Die Konsequenz war eine Situation, in der die Befürworter bereits im Kopf und in ihrem Arbeiten agil waren, während die anderen noch hofften, das Ganze würde wieder vorübergehen.

Agiles Arbeiten ist konfliktbehaftet – wohl nicht mehr, aber auch nicht weniger als traditionelle Arbeitsweisen. Dementsprechend *setzt das erfolgreiche Agieren in einem agilen Umfeld ein bestimmtes Maß an Konfliktfähigkeit voraus.* Das meint zum einen die Fähigkeit, Spannungen auszuhalten und Herausforderungen als Impulse zur Weiterentwicklung zu erkennen, zum anderen kontrolliertes und konstruktives Verhalten im Konfliktfall. Beides ist notwendig um im agilen Kontext langfristig erfolgreich sein zu können – und beides ist die Frucht einer gereiften Persönlichkeit. Kaum etwas bringt unreife

Verhaltensmuster so ungehindert ans Licht wie ein Konflikt. Konflikt-situationen sind immer emotionale Situationen, in denen wir nur allzu gern in typische, häufig unreife Verhaltensmuster zurückfallen. Ich persönlich tendierte in früheren Konflikten dazu, meine Selbstkontrolle zu verlieren und in mein ureigenes Muster des Angriffs, wie in Kapitel 4 beschrieben, zu verfallen. Verspürte ich einen Mangel (z. B. wird eines meiner Grundbedürfnisse nicht befriedigt, komme ich mit dem Machtanspruch meines Konfliktpartners nicht klar etc), mit dem ich nicht angemessen umgehen konnte, reagierte ich sofort mit Gegen-angriff. Diese Verhaltensweise brachte mir viele Schwierigkeiten und machte so manche Konfliktlösung unmöglich. Erst die Erkenntnis meines Musters des angreifenden Provokateurs und gezieltes Training meiner Selbstkontrolle verhalfen mir zu einer anderen, wesentlich konstruktiveren Konfliktlösungsstrategie. Somit beginnt auch pro-fessionelles Verhalten in Konflikten dort, wo eigentlich der Konflikt beginnt – bei meinem Selbst.

## Konflikte vermeiden – in Konflikten bestehen

Professioneller Umgang mit Konflikten bedeutet unter anderem, Kon-flikteskalationen zu vermeiden und in Konflikten ohne Verlust der Selbststeuerung bestehen zu können. Nicht jedes Problem ist gleich ein Konflikt und sollte auch nicht als solcher behandelt werden. Irri-tierende Vorkommnisse, unterschiedliche Ansichten, auch einmal ein angeregter Wortwechsel, ein Fehler oder sogar eine Kränkung – es muss nicht jegliche Irritation in einem Konflikt enden – wenngleich sie natürlich Konfliktpotenzial beinhalten. In vielen Fällen hilft auf-merksames Zuhören und Nachfragen, wie der Gesprächspartner das Gesagte genau gemeint hat, bevor man sich eine Meinung bildet und darüber brütet. Gleichermaßen möchte ich dazu auffordern, einen ge-wissen Grad an Vielfältigkeit als einen inspirierenden Aspekt unserer Gesellschaft/unseres Seins zu akzeptieren.

In anderen Fällen allerdings ist Vermeiden des Konflikts keine Prä-vention des Konflikts. Das ist immer dann der Fall, wenn per De-finition bereits ein Konflikt und nicht mehr eine bloße Irritation vorliegt: Von einem Konflikt spricht man dann, wenn unvereinbare

Spannungsfelder vorliegen, »die hohe oder auch wiederkehrende belastende emotionale Reaktionen bei den Beteiligten auslösen und deren Aufmerksamkeit binden« (Oestereich et al. 2017, S. 259). Aus dieser Definition geht hervor, dass bestimmte Implikationen vorherrschen müssen, um von einem Konflikt sprechen zu können, und dass das erzwungene Vermeiden von Konflikten nicht nachhaltig sein kann. Sind Belastungen bereits vorhanden und hat sich das Thema zumindest in einem der involvierten Parteien bereits breit gemacht, bedeutet vermeiden lediglich aufschieben oder das Spannungsthema einfach unter den Teppich zu kehren. Und aufschieben führt in den meisten Fällen zur Verhärtung des Konflikts und zur Frustration der Beteiligten. In diesem Fall also ist der professionelle Umgang mit Konflikten bis hin zur Konfliktlösung und weniger die Konfliktvermeidung gefragt.

## Es muss nicht jeder Konflikt sofort zum Krieg führen

Ein sehr brauchbares Modell, wie mit den unterschiedlichen Arten von Konflikten umgegangen werden kann bzw. ob noch Konfliktvermeidung oder bereits Konfliktlösung angesagt ist, lieferte der renommierte Organisationsberater und Konfliktvorscher Friedrich Glasl. In seinem Stufenmodell zeigt er auf, welchen Weg Konflikte gehen (Abb. 11). Laut Glasl beginnen die meisten Konflikte mit einer Emotionalisierung in einer eher alltäglichen Meinungsverschiedenheit. Kann diese Meinungsverschiedenheit nicht gelöst werden, verhärten sich die Meinungen, Schwarz-Weiß-Denken entsteht, erstes Taktieren (z. B. so tun, als ob rational argumentiert würde, in Wirklichkeit aber schwingt ein Unterton mit) beginnt. Spätestens ab Stufe 3 beginnt sich die Konfliktspirale schneller zu drehen: Empathie des Gegenübers geht verloren, man versucht, Anhänger, Mitstreiter für sich zu gewinnen, direkte persönliche Angriffe nehmen überhand, Drohungen stoßen auf Gegendrohungen, bis hin zu den letzten Konfliktstufen, die nur noch davon gekennzeichnet sind, ob und wie der Konfliktpartner zerstört werden könnte.

Die Essenz aus Glasls Modell ist, dass Konflikte möglichst frühzeitig, bestenfalls auf Stufe 1 oder 2, verlassen werden müssen, um noch weitgehend unbeschadet aus der Situation herauszukommen.

Agil kollaborieren – soziale Kompetenzen

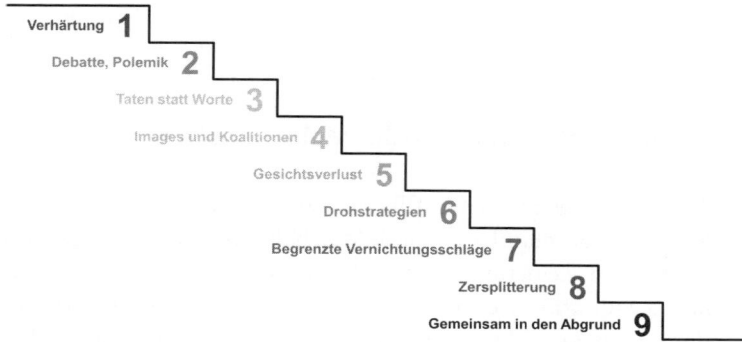

Abb. 11: Die Eskalationsstufen in Konflikten nach Friedrich Glasl (Quelle: Glasl, Friedrich (2010): Konfliktmanagement. Ein Handbuch für Führungskräfte, Beraterinnen und Berater. Haupt Verlag, Bern. S. 234; überarbeitet durch den Autor).

Wird dieser Ausstieg versäumt, führt die zunehmende Spannung unweigerlich zu gegenseitigen persönlichen Verletzungen bis hin zum Abtriften in rücksichtsloses, primitives Verhalten mit vollkommenem Verlust der Selbstkontrolle (vergleiche Instabiles Ich in Abbildung 6).

Davor aber sollte der Grundsatz beachtet werden, dass die Prävention eines Konfliktes noch immer einfacher als deren Lösung ist. Ist dies nicht gelungen, muss das Bewusstsein hergestellt werden, dass man sich in einem Konflikt befindet – dazu ist auch die Konfliktdiagnose, also etwa die Beantwortung der Frage, auf welcher Stufe man sich befindet, notwendig. Dementsprechend kann im Anschluss daran die Konfliktbehandlung beschlossen werden. Während für Stufe 1 und 2 noch klärende Gespräche innerhalb des Konfliktsystems ausreichend sein können, sind Konflikte ab der Stufe 3 nur mit professioneller externer Hilfe zu bewältigen.

*Wird der Absprung allerdings nicht versäumt, können Konflikte wertvolle Veränderungstreiber auf persönlicher und sachlicher Ebene sein.* Die in der Konfliktlösung notwendige Maßnahme, sich mit der Sichtweise des Gegenübers ernsthaft zu befassen, kann auch dazu verhelfen, persönliche Herausforderungen oder automatisierte Muster zu erkennen bzw. neue Ideen und Lösungsansätze zu generieren. *Das allerdings verlangt nach konfliktfesten Persönlichkeiten und Unternehmen.*

## Was einen Unterschied macht: Mein Verhalten

Etablierte Methoden zur Konfliktbewältigung wie beispielsweise die Gewaltfreie Kommunikation nach Marshall Rosenberg oder Gespräche mit einem Mediator sind ohne Zweifel hilfreich in Konfliktsituationen. Sie funktionieren allerdings nur dann, wenn ein wesentlicher Grundsatz in Konfliktsituationen konsequent befolgt wird: *Verändern kann ich nur mein eigenes Verhalten. Deshalb lege ich den Fokus meiner Aufmerksamkeit auf das, was ich wahrnehme, fühle und sage bzw. was ich tue oder entscheide.*

Gerade in Konfliktsituationen neigen wir dazu, uns auf das Verhalten unseres Konfliktpartners zu konzentrieren: »Du hast gesagt …«, »Du hast getan, …«, »Du hast dieses und jenes wieder nicht getan …«. Auch sogenannte Streitschlichtungsgespräche verlieren sich häufig in Diskussionen und Interpretation über das Verhalten anderer. Sich davon abzuwenden ist eine bewusste Entscheidung – und kann ein Beweis für eine reife Persönlichkeit sein. Lassen wir uns in Konfliktsituationen von unseren Emotionen übermannen, werden unsere Worte, Taten oder unser Verhalten ganz sicher von Angst, Wut, Kränkung oder anderen Gefühlen geprägt sein. Wir werden das Verhalten unseres Gegenübers interpretieren, womöglich Schuldzuweisungen und Anfeindungen von uns geben oder uns zurückziehen. Welche Verhaltensweise auch immer uns unsere Persönlichkeit hier vorgibt, sie wird ohne bewusste Selbstkontrolle kontraproduktiv für den weiteren Verlauf des Konflikts sein. *Aus diesem Grund erachte ich es für absolut erfolgskritisch, sich insbesondere in Konfliktfällen nicht nur auf seinen Instinkt und seine Intuitionen zu verlassen, sondern sein Handeln bewusst zu gestalten.* Nehmen Sie Ihren eigenen emotionalen Aufruhr wahr und versuchen Sie, ihn zu ordnen, bevor Sie Unüberlegtes sagen oder tun. Vertreten Sie Ihre Gefühle, ohne Interpretation auszudrücken. Versuchen Sie stattdessen zu formulieren, was Ihnen eigentlich fehlt, und versuchen Sie damit, wieder Kooperation zwischen Ihnen und Ihrem Gesprächspartner herzustellen.

# Vertrauensfähigkeit und -würdigkeit

Mangelndes Vertrauen ist der Agilitätskiller Nummer 1! Agilität verlangt nach Vertrauen und Arbeiten auf Augenhöhe. Dort wo Vertrauen fehlt und geringe Transparenz vorhanden ist, entsteht eine Angstkultur, die »agiles Denken und Handeln erschwert oder unmöglich macht« (Fischer et al. 2017). *Wo Vertrauen fehlt, ist Angst da*: die Angst der Führungskräfte vor Kontroll- und Machtverlust, die Angst, dass Mitarbeiter Ergebnisse nicht liefern, keine Loyalität besitzen oder keine Verantwortung übernehmen. Mitarbeiter hingegen misstrauen ihren Vorgesetzten und haben Angst, dass diese doch nur eigenoptimiert handeln, ihre Interessen (jene der Mitarbeiter) nicht wahrnehmen und sich selbst überlassen und generell keine Handschlagqualität besitzen. *Dass agiles, also selbstorganisiertes Arbeiten in einer Kultur, die auf Kontrolle anstelle von Vertrauen aufgebaut ist, nicht funktioniert, liegt auf der Hand.* Wie soll Selbstorganisation möglich sein, wenn die Führungskraft keine Freiheit gewährt? Wenn sie immer noch nach dem Prinzip lebt, dass Vertrauen gut, aber Kontrolle besser sei? Wie soll Engagement aufkommen, wenn ein Klima des Misstrauens herrscht? Welchen Anlass würden Mitarbeiter sehen, unternehmerische Verantwortung zu übernehmen, wenn die Unternehmensführung nicht vertrauenswürdig ist?

*Mangelndes Vertrauen wird offensichtlich, wenn Führungskräfte zwar lautstark Selbstverantwortung proklamieren, aber nicht gewillt sind, ihren Mitarbeitern Home-Office-Zeit zu gewähren.* Führungskräfte wollen, dass ihre Mitarbeiter unternehmerische Verantwortung übernehmen, trauen ihren Mitarbeitern aber nicht zu, Budgets eigenständig zu verwalten. Oder ihre Urlaubszeit eigenverantwortlich zu managen. Vertrauen hat immer zwei Seiten: die aktive (Vertrauensfähigkeit) und die passive (Vertrauenswürdigkeit). Ihren Mitarbeitern die eigenständige Verwaltung von Budgets zuzugestehen betrifft die aktive Seite. Die Führungskraft ist dann gefordert, ihren Mitarbeitern Vertrauen zu schenken. Gleichermaßen wichtig ist allerdings auch die passive Seite, die sich etwa durch integres Verhalten und Handschlagqualität der Führungskraft sowie kompetentes Verhalten des Mitarbeiters auszeichnet. Menschen, denen eben leichter Vertrauen geschenkt wird.

Die Zurückhaltung beim Vertrauen wird nachvollziehbar, wenn man versteht, dass Vertrauen immer bedeutet, sich verwundbar zu machen. Und wer läuft schon gerne Gefahr, enttäuscht zu werden? Darum gilt für viele noch immer der Grundsatz, dass Vertrauen zwar gut, Kontrolle allerdings besser wäre. Bin ich nicht bereit oder auch nicht in der Lage, zu vertrauen, muss ich Kontrollmechanismen aufstellen. Kontrollmechanismen, die in Unternehmen zu enormen Reibungsverlusten führen: Sie werden nicht nur langsam, ineffizient und wenig innovativ, sondern sie erzeugen auch reale Kosten, die so hoch sind, dass man sie nicht einmal messen kann, so der Management-Querdenker Reinhard Sprenger (2007, S. 43). *Was also hindert sowohl Mitarbeiter als auch Führungskräfte in einer Zeit, in der so viel darum geht, Effizienz zu steigern und Kosten zu senken, daran, etwas zu tun, das nichts kostet? Nämlich zu vertrauen?*

## Kein Vertrauen ohne Selbstvertrauen

Wir kennen es aus eigener Erfahrung: Häufig scheint es einfacher, zu kontrollieren anstatt zu vertrauen. Wir spüren, dass wir uns beim Vertrauen immer etwas aus dem Fenster lehnen müssen und stets das Risiko eingehen, enttäuscht zu werden. Führungskräfte haben darüber hinaus noch häufig die Angst, Macht oder Status zu verlieren, bzw. sehen in vielen Fällen berechtigterweise ihre Existenz als Führungskraft bedroht. Bereit, dieses Risiko bewusst in Kauf zu nehmen, sind wir nur dann, wenn wir Selbstvertrauen haben. Und das muss erarbeitet werden. *Ein gesundes Vertrauen in meine Fähigkeiten entsteht dann, wenn ich wiederholt positive Reaktionen auf meine Arbeit erhalte.* Erst dann nehme ich gestärkt und motiviert neue Herausforderungen an und kann dabei auf mein volles Potenzial (siehe Potenzialkreis in Abb. 5) zurückgreifen. *Und indem ich selbst an meine Fähigkeiten und Absichten glaube, kann ich dies auch meinem Gegenüber einräumen.* Bin ich jedoch unsicher über meine eigene

Vertrauenswürdigkeit, werde ich diese auch meinem Gegenüber nicht zugestehen. Also werden wir nur dann, wenn wir uns selbst kennen und akzeptieren und uns selbst als vertrauenswürdige und integre Person einschätzen, bereit sein, einen Vertrauensfluss in Gang zu bringen (vgl. Sprenger 2007, S. 159f.).

*Wir müssen uns also selbst vertrauen können, um vertrauenswürdig zu sein.* Wenn wir uns selbst alles zutrauen und uns als diejenigen kennen, die mit Überraschungen mit sich selbst rechnen müssen, sind wir weder vertrauenswürdig noch vertrauensfähig. Haben wir uns selbst als jemanden kennengelernt, der Vertrauen bricht und Vereinbarungen nicht hält, werden wir auch mit der Unsicherheit der Zukunft, dem Unerwarteten, viel schwerer umgehen können. Denn im Unterschied zu Menschen mit einem gestärkten Selbstvertrauen können wir dann nicht von uns behaupten, dass wir Probleme bewältigen werden und robust sind. »Ein Mensch kann also nur bei relativ sicherem und ausgedehntem Kontakt zu seiner eigenen, innerlich gespürten Zuverlässigkeit vertrauensfähig sein« (Sprenger 2007, S. 162). Darüber hinaus wirken Menschen, die gesundes Selbstvertrauen besitzen, nach außen authentisch. Im Gegensatz zu Menschen mit einem übersteigerten Selbstbewusstsein, deren Worten nur selten Taten folgen, und auch permanenten Selbstzweiflern, sind die Worte und Handlungen selbstbewusster Menschen meist stimmig. Sie vertreten konsequent ihre Werte und Anschauungen und machen sich dadurch vertrauenswürdig für ihr Gegenüber.

## Selbstvertrauen und Engagement

Sie hätte das Verkaufsteam über die Sommermonate unterstützen sollen. Anne hatte hervorragende Noten, sprach fließend Englisch und erwies sich im Vorfeld als sehr zuverlässig. In den ersten Tagen ihres Praktikums wirkte sie sehr zurückhaltend, es fiel ihr schwer, aktiv auf Kunden zuzugehen. Auch wenn ausländische Touristen den Shop betraten und Anne eigentlich wegen ihrer hervorragenden Sprachkompetenz prädestiniert gewesen wäre, das Verkaufsgespräch zu führen, schien sie völlig blockiert. Sie wich dem Blick der Kunden aus, wusste viel zu schnell nichts mehr zu sagen und stand häufig teilnahmslos daneben. »Anfangsschwierigkeiten«, meinten die Kollegen. »Das wird schon werden«, hoffte die Abteilungsleiterin. Leider wurde es das nicht. Annes Selbstvertrauen war so spärlich ausgeprägt, dass es ihr unmöglich war, mit ihrer Umwelt zu interagieren. Jegliche Ansprache verursachte ein Gefühl des Unbehagens, jede Frage war eine Überforderung, sogar der Kontakt mit den Kollegen war schwierig. Anne wirkte trotz ihrer sprachlichen Kompetenz, ihres detaillierten Wissens über die verfügbaren Kollektionen und des durchaus vorhandenen Willens, den sie in einem Gespräch mit der Abteilungsleiterin artikulierte, als inaktiv und demotiviert. Annes Problem war aber nicht ihre geringe Bereitschaft oder Motivationslosigkeit, sondern ihr mangelndes Selbstbewusstsein, das es ihr unmöglich machte, aktiv und engagiert zu sein. Zu gering schätzte sie ihre eigenen Fähigkeiten ein, zu groß war Ihre Angst, nicht gut genug zu sein, und zu sehr fürchtete sie das Scheitern.

»Das Selbstvertrauen meiner Leute zu stärken ist mit Abstand das Wichtigste, das ich tun kann. Dann nämlich werden sie beginnen, aktiv zu sein«, sagte einst der hochgeschätzte ehemalige CEO von General Electric. Nur selbstbewusste Menschen sind aktiv und zeigen Engagement. *Nur selbstbewusste Menschen sind in der Lage, Entscheidungen zu treffen und aktiv an der Umsetzung von Zielen zu arbeiten.* Nur selbstbewusste Menschen bringen die Voraussetzungen mit, um im agilen Kontext arbeiten zu können.

# Agiles Führen braucht Selbstführung

Ich hoffe, dass Ihnen die vorangegangenen Seiten dabei geholfen haben, zu verstehen, wo Sie ansetzen müssen, um in dieser VUKA-Welt bestehen zu können. Hoffentlich haben sie Ihnen auch Zuversicht vermittelt, dass es einen Weg gibt, der es Ihnen möglich macht, das zu tun, bevor Sie im Burn-out, der Depression oder der Resignation versinken. Womöglich aber verspüren Sie nicht wesentlich weniger Druck als vorher. Sie wissen zwar jetzt, dass Sie nicht von sich selbst verlangen können, von heute auf morgen agil zu sein, allerdings erscheint Ihnen die Anforderung an Sie, selbst- und sozialkompetent zu sein, auch nicht viel einfacher?

Ich kann Sie gut verstehen! Aus diesem Grund habe ich dieses Kapitel geschrieben. Es soll Sie beruhigen und Ihnen vermitteln, dass es sich dabei um einen lebenslangen Prozess handelt, der zwar willentlich initiiert und vorangetrieben, allerdings nicht abgeschlossen werden kann. Es soll Sie noch einmal daran erinnern, dass es nicht darum geht, eine glattgeschliffene Persönlichkeit ohne Ecken und Kanten aus Ihnen zu machen. Zu guter Letzt soll Ihnen dieses Kapitel dabei helfen, mit Ihrer Energie nachhaltig umzugehen, sie sinnvoll zu lenken und dort einzusetzen, wo sie einen spürbaren Unterschied bewirken kann.

## Selbstführung – ein höchst agiler Prozess

Werfen wir noch einmal einen Blick auf das Würzburger Kompetenzmodell in Kapitel 5, können wir jetzt womöglich den Zusammenhang zwischen dem STABILEN ICH im inneren Kreis und dem AGILEN ICH im äußeren Kreis besser erkennen. In einer Welt, die mich mit Volatilität, Unsicherheit, Komplexität und Ambiguität permanent fordert, bin ich auf mein STABILES ICH angewiesen. Es vermittelt mir die Stabilität, die mir meine Umwelt vorenthält, die ich aber als Grundvoraussetzung dafür benötige, um agil handeln zu können. Denken Sie an den Vergleich mit dem Smartphone: Man kann es nur entsprechend flexibel und gewinnbringend einsetzen, wenn die Hardware zuverlässig und stabil ist. Das Gleiche gilt für unser Handeln im VUKA-Kontext: Nur wenn wir unsere Schwächen kennen und uns unserer Stärken bewusst sind, können wir auf einem Arbeitsmarkt selbstbewusst auftreten und bestehen, der von Projektarbeit, Disruption und internationaler Konkurrenz gekennzeichnet ist. Nur wenn wir unsere Bedürfnisse ernst nehmen, ohne uns aber von unseren Emotionen überwältigen zu lassen, sind wir in der Lage, wohlwollende Beziehungen zu unseren Kollegen, Netzwerkpartnern, Freunden und Familien aufrechtzuerhalten.

Darüber hinaus verlangen uns agile Arbeitsweisen noch weitere Kompetenzen ab, die wir allerdings nur dann ernsthaft entwickeln und auch langfristig anwenden werden, wenn wir auf ein STABILES ICH zurückgreifen können. Diese zusätzlichen Kompetenzen bewegen sich sowohl im persönlichen Bereich (Umsetzungskompetenz und Entscheidungsfähigkeit) als auch im sozialen und fachlichen Bereich. *Kommunikationsfähigkeit, Konfliktfähigkeit und Vertrauensfähigkeit* können uns dabei helfen, beziehungsfähig zu sein und zu bleiben. Sie unterstützen uns dabei, mit Kollegen, Kunden, Netzwerkpartnern in wohlwollendem Kontakt zu bleiben und erfolgreich zusammenzuarbeiten. *Letzten Endes sind es diese drei Fähigkeiten, die aus einem STABILEN ICH ein AGILES ICH machen. Sie helfen uns, im sozialen Kontext einer vernetzten digitalen Welt, die von Abhängigkeiten gekennzeichnet ist, zu bestehen – sie machen uns zu einer beziehungsfähigen Persönlichkeit.*

Der dritte Bereich sind selbstverständlich fachliche Fähigkeiten, die jedoch in diesem Buch vernachlässigt werden (vergleiche Abbildung 12). Nicht weil sie weniger bedeutsam wären, sondern weil sie nicht so generisch behandelt werden können wie persönliche und soziale Skills. Darüber hinaus nehme ich in der allgemeinen Diskussion auch eine Vernachlässigung dieser so wichtigen persönlichen und sozialen Skills wahr, während fachliche bzw. Management-Skills breit und spezifisch diskutiert werden.

Was aber hat Selbstführung nun damit zu tun? Selbstführung ist nicht zu verwechseln mit Selbstmanagement oder Selbstorganisation, sondern

meint vielmehr das bewusste Einsetzen seiner Energie an jenen Punkten, die für Sie maßgeblich sein werden. Selbstführung bedeutet für mich die bewusst initiierte und verfolgte Weiterentwicklung meines ICHs. Damit einher geht für mich die bewusste Steuerung meiner Ressourcen im Sinne einer Selbstfürsorge und die entsprechende Ausrichtung meines Fokus.

Leider musste auch ich feststellen, dass Persönlichkeitsentwicklung keine Aufgabe ist, die man irgendwann abhaken kann. Wie gerne würde ich das von Zeit zu Zeit tun! Vielmehr muss die einmal gewonnene innere Stabilität aufrechterhalten werden – insbesondere in Zeiten, in denen sich der Kontext permanent ändert und keinerlei Stabilität bietet. Das kann anstrengend und mühsam sein. Daher ist es für mich auch besonders maßgeblich, der eigenen Verpflichtung der Selbstfürsorge nachzukommen. Reicht die eigene Energie schlichtweg nicht mehr aus, die eigene Innenwelt auf sinnvolle Weise zu steuern, sind auch gute Vorsätze und ein guter Wille nicht mehr erfolgreich. Wenn wir körperlich erschöpft und geistig ausgelaugt sind, können wir weder an uns selbst arbeiten noch den anderen verständnisvoll und demütig begegnen. Nehmen Sie deshalb Ihre eigenen Bedürfnisse im Alltag nach Schlaf, Bewegung, Essen und Ruhe wahr und versuchen Sie, sie nach Möglichkeit zu stillen. Nur dann nämlich werden Sie in der Lage sein, sich selbst und anderen zu genügen.

## Resilienz – die Quelle unserer agilen Anpassungsfähigkeit

*Selbstführung ist keine besondere Kür in Zeiten, in denen alles glattläuft.* In diesen Zeiten sind wir entspannt, flexibel, kompromissbereit und wohlwollend unserem Nächsten gegenüber. Herausfordernd wird die Sache erst dann, wenn sich uns Probleme, Krisen oder Konflikte in den Weg stellen: wenn sich das Arbeitsumfeld ändert oder uns die VUKA-Welt mit einer Komplexität und Unsicherheit konfrontiert, die uns zu überfordern scheint. Schaffen wir es dann, Ruhe und Selbstkontrolle zu bewahren und lösungsorientiert zu sein? Können wir in Zeiten großer beruflicher Herausforderungen mit unserer Energie haushalten? Und sind wir insbesondere in der Lage, diese agilen Zeiten nicht nur unbeschadet zu überstehen, sondern auch gestärkt aus ihnen hervorzugehen?

Resilienz beschreibt eine innere Widerstandsfähigkeit, die es uns erlaubt, Konflikte, Krisen und Misserfolge durch die willentliche Beeinflussung der eigenen Emotionen und insbesondere Handlungen gut zu überstehen – und in unserer VUKA-Welt erfolgreich zu sein. Resilienz leitet sich vom lateinischen »resiliare« ab und bedeutet »zurückspringen«. *Dementsprechend lässt sich ein resilienter Mensch von seinen Zielen auch bei Schwierigkeiten nicht abbringen. Er ist wohl bereit, Umwege zu gehen, weil er weiß, dass veränderte Umstände neue Strategien und Wege notwendig machen* (siehe auch Abb. 1 in Kapitel 1). Wesentlich aber ist, dass er nicht an diesen Krisen zerbricht – im Gegenteil, sogar gestärkt aus ihnen hervorgeht.

Die Wissenschaft fasziniert die Frage, warum manche Menschen anscheinend gestärkt aus Krisen hervorgehen, während andere daran zerbrechen, schon länger. Wissenschaftler wie der US-amerikanische Soziologe Aaron Antonovsky oder Emmy Werner, die auf diesem Gebiet Pionierarbeit leisteten, arbeiteten dafür mit Erwachsenen und Kindern, die traumatische Lebenssituationen erlebt hatten. Sie kamen zu dem Schluss, dass es zum einen bestimmte Schutzfaktoren gibt, welche die Auswirkungen negativer Umstände mildern und dass Resilienz zum anderen erlernbar ist (vgl. Draht 2017, S. 35 ff.).

Die persönliche Widerstandsfähigkeit ist insbesondere dann erweiterbar, wenn ein bestimmtes Maß an Selbstwahrnehmung und Selbststeuerung vorhanden ist. Dann nämlich nehme ich ein persönliches Mangelerleben, wie es in Krisen zumeist der Fall ist, bewusst wahr, ohne mich davon überwältigen zu lassen. Im Gegenteil: Adäquate Selbststeuerung erlaubt mir, meine Emotionen und Kognitionen in Krisensituationen so zu lenken, dass Zielorientierung möglich bleibt. Darüber hinaus besitzen resiliente Menschen eine weitere zentrale Eigenschaft: die ausgeprägte Fähigkeit zu Flexibilität und Improvisation.

All diese Fähigkeiten erlauben es resilienten Menschen, in Krisen zu bestehen und sie weniger als Bedrohung, sondern als Chancen wahrzunehmen. Das Wissen über die erfolgreiche Bewältigung schwieriger Situationen wird im Hirn als positive Erfahrung abgespeichert. Bei einer neuerlichen Herausforderung kann auf die durch diese Erfahrung genährten positiven inneren Bilder zurückgegriffen werden, was wiederum den Zugriff auf die eigenen Potenziale erhöht.

*So kann sich bei erfolgreicher Bewältigung von Krisen die agile Re-silienzspirale positiv nach oben richten, während sich die instabile (fragile) Vulnerabilitätsspirale bei fortwährendem Versagen nach unten drehen könnte.*

Um diesen positiven Trend möglich zu machen, ist vor allem eines wichtig: gut für sich selbst zu sorgen. »Der Schlüssel zur Resilienz liegt nicht im dauerhaften harten Arbeiten. Resilienz wird insbesondere in jenen Zeiten genährt, in denen wir nicht arbeiten und uns erholen« (Anchor 2017, S. 196). Die Arbeitergenerationen der Nachkriegsjahre und die Kinder des Wirtschaftswunders haben uns gelehrt, was die moderne Wissenschaft nun für nicht richtig erklärt: Wir werden nicht widerstandsfähiger, wenn wir möglichst hart zu uns selbst sind. Genau das Gegenteil ist der Fall: Das Fehlen jeglicher Erholung hält uns davon ab, Stabilität und Resilienz und damit letztendlich agile Anpassungsfähigkeit zu entwickeln (vgl. Anchor 2017, S. 196).

*Wer also andere gesund durch die digitale VUKA-Welt führen möchte, muss zunächst sich selbst zu führen lernen.*

## Literatur

Anchor, Shawn, et al. (2017): Don't Endure; Recharge. In: HBR Guide to Emotional Intelligence, Boston, Harvard Business Review Press, Boston, S. 195-202.

Drath, Karsten (2017): Die Kunst der Selbstführung. Was Führungskräfte über Resilienz wissen sollten. Haufe Lexware, Freiburg.

Fischer, Stephan; Weber, Sabrina; Zimmermann, Annegret (2017): Diese Rahmenbedingungen brauchen agile Organisationen. Aufgerufen am 26.07. 2018, https://www.haufe.de/personal/hr-management/agile-organisation-erfolgsfaktoren-und-hinder-nisse_80_412174.html

Glasl, Friedrich; Weeks, Dudley (2008): Die Kernkompetenzen für Mediation und Konfliktmanagement. Concadora Verlag, Stuttgart.

Oestereich, Bernd; Schröder, Claudia (2017): Das kollegial geführte Unternehmen: Ideen und Praktiken für die agile Organisation von morgen. Vahlen Verlag, München.

Watzlawick, Paul; Beavin, Janet; Jackson, Don (1967): Menschliche Kommunikation: Formen, Störungen, Paradoxien, Frankfurt

MENSCH –
TEAM –
ORGANISATION

Als Tony Hsieh, der CEO des Online-Schuhhändlers Zappos, 2016 seinen Mitarbeitern anbot, eine Ausgleichszahlung anzunehmen und das Unternehmen zu verlassen, wenn sie den eingeschlagenen Holocracy-Weg nicht mehr hundertprozentig mitgehen konnten oder wollten, verließen 18 % der Belegschaft das Unternehmen (vgl. Bernstein et al. 2016). »Holocracy wurde wichtiger als Mitarbeiter- und Kundenzufriedenheit und Leistung", schreibt ein ehemaliger Zappos-Mitarbeiter. »Der Umstieg auf Holocracy, ohne dafür wirklich vorbereitet worden zu sein, war für uns einfach …Bum! Keine Führungskräfte mehr! Viel Spaß!« sagt ein anderer (Glassdoor 2018, eigene Übersetzung).

Der Name des Online-Schuhhändlers Zappos wird mittlerweile nicht mehr nur mit der New-Work-Bewegung oder seinem charismatischen CEO gleichgesetzt, sondern auch mit Holocracy und dessen Herausforderungen. Holocracy ist eine Organisationsform, die Macht und Entscheidung entlang sogenannter »circles« oder Gremien organisiert und es sich zum Ziel setzt, Arbeit streng aufgabenorientiert zu erledigen, Mitarbeitern ein Höchstmaß an Selbstbestimmung und Einfluss zuzugestehen und damit die Macht im Unternehmen zu verteilen. Der Gründer von Holocracy, Brian Robertson, bedient sich dabei wesentlicher Ansätze aus der Soziokratie und dem agilen Arbeiten und treibt sie auf die Spitze – Agilität in höchster Form sozusagen. Zappos arbeitet nun bereits seit 2013 intensiv daran, sein Wesen, sein Betriebssystem, komplett auf Holocracy umzustellen: Dabei wurden nicht nur Hierarchien und klassische Rollen abgeschafft, sondern auch jegliches Zusammenarbeiten und Kommunizieren neu organisiert – mit großen Herausforderungen, wie die Erfahrungsberichte ehemaliger Mitarbeiter zeigen.

Was war hier passiert? Tony Hsieh ist als Revolutionär und Idealist bekannt – er lebt trotz beachtlichem Privatvermögen in einem Trailerpark in Las Vegas. Kurzfristige Gewinne dürften ihn genauso wenig getrieben haben wie Verantwortungslosigkeit – er sorgte immer wieder für Schlagzeilen, weil er nicht nur Privatvermögen in Revitalisierungsprojekte des Unternehmens steckte, sondern weil er auch ganz besonders idealistisch seine Ziele verfolgte, zum Beispiel bei den Übernahmeverhandlungen von Zappos durch Amazon (Scudamore 2018). Die Unternehmenskultur gilt als besonders aufgeschlossen – man kennt Zappos Mitarbeiter einschließlich aller Führungskräfte nur in T-Shirts und Turnschuhen – und auch betriebswirtschaftlich ließ das Unternehmen immer wieder mit außergewöhnlichen Umsatzsteigerungen aufhorchen. Warum also dann diese Unzufriedenheit bei den Mitarbeitern? Immerhin wollte sich das Unternehmen ja in eine Richtung entwickeln, die ihnen mehr Selbstorganisation, mehr Freiheit, mehr Autonomie zugestand.

## Anleitung zum Scheitern in einer Organisation

Organisationsentwicklungen scheitern unter anderem dann, wenn einer der folgenden Kardinalfehler begangen wird:

- Fundamentale Veränderungen werden im Kreis von Führungskräften oder Experten am grünen Tisch geplant: Sie entscheiden anhand der ihnen bekannten Parameter, in welche Richtung das Unternehmen gehen soll (Wesenselement Strategie, siehe Abb. 7). Fehlendes Know-how, nicht vorhandene Fähigkeiten oder Ängste und Bedürfnisse der Mitarbeiter werden dabei in vielen Fällen übersehen bzw. werden erst im Veränderungsprozess sichtbar. Hinzu kommt, dass die uns umgebende VUKA-Welt die Zukunft ganz und gar unvorhersehbar macht – was also heute gut durchdacht und mit festem Willen beschlossen wird, kann in ein paar Monaten schon wieder nicht mehr der beste Weg sein.

- Es wird primär an Prozessen und Strukturen geschraubt. Genau das erlebt die gegenwärtige Agilitätsdiskussion. Während man in der Vergangenheit – also in der Zeit der ersten Agilitätseuphorie – bestrebt war, agile Arbeitsweisen und neue Kommunikationsstrukturen einzuführen, wird jetzt der Ruf nach einem Agilen Mindset immer lauter. Man hat erkannt, dass geänderte Prozesse und Strukturen allein Menschen und damit auch Organisationen nicht agiler machen – im Gegenteil: Wenn Mitarbeiter versuchen, mit gewohnter gleicher Haltung den neuen Anforderungen gerecht zu werden,

schlittern sie dabei nur allzu oft in Überforderung, Frustration oder Scheitern.

- Veränderungen werden zu schnell und mit zu hohem Druck umgesetzt. Anstatt Mitarbeitern Mitgestaltung und Eingewöhnung einzuräumen, wird der agil-systemimmanente, kundenorientierte Lieferzwang gefordert. Die erhoffte »Spaß an der Arbeit«-Community muss dann schon sehr bald dem weniger attraktiv anmutenden »Umsatzwachstums-Einsparungs-Kurs« Platz machen. Was bleibt, ist Frustration und noch weniger Freude an der Arbeit als zu Zeiten vor dem Veränderungsvorhaben.

Dem gegenüber steht eine Sicht auf Organisationen, die versucht, neben Prozessen, Strukturen und KPIs die Organisation als Ganzes zu betrachten. Dabei unterstützen kann das Modell der »7 Wesenselemente einer Organisation« nach dem österreichischen Konfliktforscher Friedrich Glasl. Glasls Modell ist aus einer Synthese verschiedener Organisationsmodelle entstanden und besagt, dass jede Organisation, egal welcher Größe, Branche, profit oder non-profit, aus diesen 7 grundlegenden Elementen besteht, die wiederum in wechselseitiger Beziehung zueinander stehen (Abb. 12).

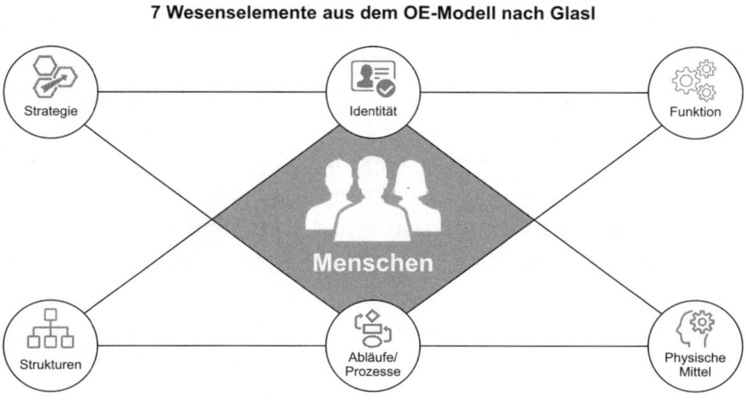

**7 Wesenselemente aus dem OE-Modell nach Glasl**

Abb. 12: Die 7 Wesenselemente aus dem Organisationsentwicklungsmodell nach Friedrich Glasl (Quelle: Glasl (2010), Konfliktmanagement. Ein Handbuch für Führungskräfte, Beraterinnen und Berater. Haupt Verlag, Bern. S. 125, eigene Darstellung)

*Dabei wird schnell ersichtlich, was vielen Unternehmen immer wieder zum Fallstrick wird: Verändert man ein Element der Orga-*

*nisation, hat dies unweigerlich Konsequenzen auf die anderen. Klassischerweise wird in Unternehmen an der Strategie, den Strukturen oder den Abläufen und Prozessen geschraubt.* Auswirkungen auf die physischen Mittel werden meist im Rahmen einer Detailplanung berücksichtigt und entsprechend einkalkuliert. Wesentlich herausfordernder sieht die Angelegenheit bereits beim Thema Funktion aus: Wie verändern sich die Aspekte Verantwortung, Rolle, Aufgabe und Kompetenzen, wenn ich zum Beispiel Hierarchien verflache? Und inwiefern verändern die Neuerungen die Identität – das Selbstverständnis unseres Unternehmens? Nehmen uns unsere Kunden auch weiterhin als beständig, qualitativ hochwertig und authentisch wahr, wenn wir plötzlich auf einen Online-Vertrieb oder digitalisierte Kundenbetreuung setzen?

*Im Zentrum von Glasls Modell steht ganz bewusst der Mensch.* Er bildet gemeinsam mit den anderen Elementen die Organisation. *Ist er zwar auch manipulierbar, so ist er doch im Unterschied zu den anderen Elementen weniger instrumentalisierbar.* Dafür kann er eine unendliche Quelle der Stabilität, Innovation, Kreativität und Leistung für das Unternehmen werden, wird er entsprechend entwickelt, gefördert, inspiriert und motiviert. Was es dazu braucht, ist Führung. Bereits 1985 beklagten Thomas Peters und Nancy Austin in ihrem Bestseller, dass wir »overmanaged« und »underlead« wären. *Und immer noch versuchen wir, mit neuen Methoden, Instrumenten und Prozessen die Leistungsfähigkeit von Menschen zu erhöhen, und vergessen dabei ganz den Menschen, seine Bedürfnisse, seine Einzigartigkeit, sein ureigenes Potenzial und seine Würde.* Glasls Betrachtung einer Organisation bringt den Fokus wieder dorthin, wohin er gehört: zum Menschen. Dieser Fokus scheint in der Agilitätsbewegung in vielen Fällen gegeben, doch droht er auch hier immer wieder durch extrem ergebnisorientiertes und kapitalistisches Denken verschoben zu werden. Nicht zuletzt darum möchte ich mit Glasls Modell auch agile Führungskräfte daran erinnern,

- dass ihr Unternehmen immer nur so agil sein wird wie ihre Mitarbeiter,
- dass ihre Mitarbeiter der Ausgangspunkt jeglicher Agilitätsbestrebung sein müssen,

- dass jegliche Veränderung in einem der Elemente Auswirkungen auf die anderen haben wird,

- dass Konflikte »menschliche Phänomene« und somit in jeder Organisation sind,

- dass Konflikte multikausal und interdependent sind. Das heißt letztlich,

- dass ihr Ursprung in einem ganz anderen Element sein kann als gedacht.

Noch kritischer betrachte ich die Situation in sehr großen Unternehmen. Unternehmenslenker und Führungskräfte von diesen Organisationen möchte ich sogar vor unternehmensweiten (vorschnellen) Agilitätsbestrebungen warnen, weil sie meiner Meinung nach nicht zu bewältigende Herausforderungen mit sich bringen. Um Agilität in diesen Unternehmen ganzheitlich leben zu können, müsste eine fundamentale Veränderung in eine sogenannte »adaptable Organization« vollzogen werden. Es müsste eine Art Start-up Mindset in der Unternehmenskultur etabliert werden, wo die Anwendung agiler Methoden in Netzwerken von diversen Teams reibungslos von statten geht. Bei volatilen, dynamischen und oft unvorhersehbaren Veränderungen in den Umwelten und makroökonomischen Systemen müsste das wettbewerbsorientierte Unternehmen eigene kundenorientierte Subsysteme positionieren, die mit externen Netzwerkpartnern kollaborieren und aufkommende Veränderungen im Umfeld antizipieren um im Sinne der Kunden flexibel reagieren zu können.

Zu Ende gedacht würde dies für Führungskräfte bedeuten, dass sich deren Konfliktpotenziale nochmals erhöhen. Sie müssten sich nämlich nicht mehr nur in den bekannten formalen und informellen Machtsystemen innerhalb der Organisation bewähren, sondern wären auch integrierter Teil der neuen Subsysteme, die sich nach außen an der Kundenfront dynamisch entwickeln. Diese Kunden-getriebenen und auf Effizienz ausgerichteten agilen Subsysteme würden sowohl an Macht als auch Einfluss innerhalb der Unternehmen gewinnen.

In diesen Spannungsfeldern agil und stabil zu bleiben wäre wahrlich eine echte Herausforderung, selbst für reife Führungspersönlichkeiten.

# Epilog

Wenn ich heute in diversen Managementberaterkreisen und HR-Circles über Agilität diskutiere, erinnere ich mich immer wieder an das, was ich damals im April 2000 in New York als angehender Banker – eingeladen zu der Global Credit Conference von der Investmentbank Bear Stearns – erlebte. Ich erinnere mich an die geradezu naiven Tischgespräche im Waldorf Astoria, als wir ohne irgendein Bewusstsein für die drohende Gefahr locker über Asset Backed Securities plauderten.

Was damals die Euphorie bei vielen Investmentbankern auslöste, waren diverse Investmentphantasien, die durch das Internet befeuert und durch vermeintlich logische Veranlagungsstrategien abgesichert wurden. Es war damals nicht nur die Gier vieler und die Korruptheit einiger Menschen, die die nachfolgende Krise auslösten, es waren auch die angewendeten Bewältigungsstrategien. Diese Strategien nämlich orientierten sich an den Erfahrungen der Vergangenheit und waren bereits damals, im angehenden Internetzeitalter nicht mehr adäquat (vergleiche Abb. 1: Bewältigungsstrategien im Laufe der Zeit, Kapitel 1). Den Schaden, den Banken und Manager verursachten, mussten die einfachen Bankmitarbeiter ausbaden.

Wir haben aus der Vergangenheit nicht gelernt. Ähnlich wie damals, sehe ich heute wieder eine *so* große Euphorie, wenn nämlich über Agilität, Kundenorientierung und Effizienz in digitalen Zeiten und von »Agile Workforce« bzw. »Agile Collaboration« (vergleiche Agilität, Herkunft und Entwicklung, Kapitel 2) gesprochen wird. Ähnlich wie damals sehe ich auch heute wieder das Funkeln in den Augen potentieller Gewinner, heute sind dies viele meiner Managementberaterkollegen, und es erinnert mich an das damalige Funkeln meiner ehemaligen Bankberaterkollegen. Was bleibt ist die Hoffnung, dass bei dieser extremen Kundenhuldigung der Mensch als einfacher Mitarbeiter nicht auf der Strecke bleibt, und er das erneut entfachte Feuer nicht wieder wird löschen müssen.

# Literatur

Amir Rahnema und Tara Murphy et al. Deloitte Development LLC. (2018): The Adaptable Organization, Harnessing a networked enterprise of human resilience.

Bernstein, Ethan. et al. (2016): Beyond the Holocracy Hype. In: Harvard Business Review. July/August Ausgabe 2016, S. 38–49.

Glassdoor (2018): The Zappos Family. Aufgerufen am 20.10.2018. (https://www.glassdoor.at/Bewertungen/The-Zappos-Family-holacracy-Bewertungen-EI_IE19906.0,17_KH18,27_IP3.htm

Scudamore, Brian (2018): Zappos CEO Tony Hshieh Sums Up His Secret Superpower in a Single Word. Zappos' culture is a direct reflection of its CEO's offbeat personality. Aufgerufen am 20.10.2018. https://www.inc.com/brian-scudamore/airstreams-awesomeness-tony-hsieh-way-to-do-business.html

ANHANG

# Abbildungsverzeichnis

Abb. 1: Bewältigungsstrategien im Laufe der Zeit
Vgl. http://thechurning.net/coping-and-succeding-in-a-VUKA-
world/; ergänzt und erweitert vom Autor

Abb. 2: Das agile Manifest
http://agilemanifesto.org/iso/de/manifesto.html

Abb. 3: Index der durchschnittlichen Kosten für Roboter im Vergleich zu Personalkosten in der Produktion in den USA, 1990 =
100 %
www.mckinsey.com/business-functions/operations/our-insigths/
automation-robotics-and-the-factory-of-the-future

Abb. 4: Das Würzburger Kompetenzmodell
Rechte beim Autor

Abb. 5: Der Potenzialkreis nach Sebastian Purps-Pardigol
(Quelle: Purps-Pardigol, Sebastian (2015): Führen mit Hirn. Mit-
arbeiter begeistern und Unternehmenserfolg steigern. Campus:
Frankfurt, S. 133, vom Autor überarbeitet)

Abb. 6: Umsetzungskompetenz – eine Summe mehrerer Faktoren
(Quelle: www.willenskraft.net, überarbeitet und erweitert durch den
Autor)

Abb. 7: Die Bedürfnispyramide nach Maslow und ihr Zusammenhang mit Mitarbeiterengagement
Quelle: https://karrierebibel.de/beduerfnispyramide-maslow/, erweitert vom Autor

Abb. 8: Die Wege von Bedürfnissen im digitalen Sturm
Businessmeetspsychology, www.businessmeetspsychology.com, vom
Autor erweitert

Abb. 9: Willenskraft – eine endliche Ressource
http://www.management-innovation.com/downloads/Umsetzungs-
kompetenz-Forschungsberichto.pdf/

Abb. 10: Wie Entscheidungen zustande kommen
trustworx cooperation, erweitert durch den Autor

Abb. 11: Die Eskalationsstufen im Konflikt nach Friedrich Glasl
Glasl, Friedrich (2010): Konfliktmanagement. Ein Handbuch für
Führungskräfte. Beraterinnen und Berater. Haupt Verlag, Bern,
S. 234, überarbeitet durch den Autor

Abb. 12: Die 7 Wesenselemente aus dem Organisationsentwicklungsmodell nach Friedrich Glasl
Quelle: Glasl (2010): Konfliktmanagement. Ein Handbuch für Führungskräfte. Beraterinnen und Berater. Haupt Verlag, Bern, S. 125,
eigene Darstellung

**ISBN Print:** 978 3 8006 5927 2
**ISBN E-Book:** 978 3 8006 5928 9

© 2019 Verlag Franz Vahlen GmbH, Wilhelmstr. 9, 80801 München
Satz: Fotosatz Buck, Zweikirchener Str. 7, 84036 Kumhausen
Druck und Bindung: Nomos Verlagsgesellschaft mbH & Co. KG, In den Lissen 12,
D-76547 Sinzheim
Abbildungen im Buch: Antje Hanisch, Am Gerhardsteich 1, 24768 Rendsburg
Zeichnungen im Buch: Mag.ª Tanja Peherstorfer, www.ein-blick.at
Umschlaggestaltung: Ralph Zimmermann – Bureau Parapluie
Bildnachweis: © Coloures-Pic – fotolia.com; © mrPliskin – istockphoto.com
Gedruckt auf säurefreiem, alterungsbeständigem Papier
(hergestellt aus chlorfrei gebleichtem Zellstoff)

# Hyperwachstum – was steckt dahinter?

## In der Wirtschaftsgeschichte

hat sich noch keine industrielle Transformation so schnell vollzogen wie die Digitalisierung. Technologische Innovationen revolutionieren alle Wirtschaftsbereiche. Die Digitalisierung setzt sich überall durch und unser Alltag wird ständig vernetzter.

## In der Welt ständigen Wandels

müssen Unternehmen sich anpassen, um zu wachsen und um neue Märkte zu erschließen. Das bedeutet, sie müssen selbstverständlich Neuerungen einführen, um ihren Wettbewerbsvorteil auszubauen und ihr organisches Wachstum zu steigern, sich anschließend internationalisieren, um an der Zunahme des Handels und der »Weltkultur« der jungen Generationen teilzuhaben und externes Wachstum generieren, um in neuen Bereichen und Tätigkeitsfeldern das Tempo zu erhöhen.

**Minvielle/Lauquin/Caruso**
**Durchstarten**

2019. 177 Seiten.
Kartoniert € 26,90
ISBN 978-3-8006-5757-5

**Portofreie Lieferung**
≡ vahlen.de/24045852

# Vahlen